Jasmin Wissemann

Untersuchung zur biologischen Aktivität von transgenem equinem Interleukin-12 nach intratumoraler Injektion von Plasmid-DNA in Melanome beim Pferd

Cuvillier Verlag Göttingen
Internationaler wissenschaftlicher Fachverlag

Bibliografische Information der Deutschen Nationalbibliothek

Die Deutsche Nationalbibliothek verzeichnet diese Publikation in der Deutschen Nationalbibliografie; detaillierte bibliografische Daten sind im Internet über http://dnb.d-nb.de abrufbar.

1. Aufl. - Göttingen : Cuvillier, 2015

Zugl.: Hannover (TiHo), Univ., Diss., 2015

Nonnenstieg 8, 37075 Göttingen

Telefon: 0551-54724-0

Telefax: 0551-54724-21

www.cuvillier.de

1. Auflage, 2015

Gedruckt auf umweltfreundlichem, säurefreiem Papier aus nachhaltiger Forstwirtschaft.

ISBN 978-3-95404-945-5

eISBN 978-3-7369-4945-4

Tierärztliche Hochschule Hannover

Untersuchung zur biologischen Aktivität von transgenem equinem Interleukin-12 nach intratumoraler Injektion von Plasmid-DNA in Melanome beim Pferd

INAUGURAL – DISSERTATION
zur Erlangung des Grades einer Doktorin der Veterinärmedizin
- Doctor medicinae veterinariae -
(Dr. med. vet.)

vorgelegt von
Jasmin Wissemann
Bad Nauheim

Hannover 2015

Wissenschaftliche Betreuung:	Prof. Dr. Karsten Feige Tierärztliche Hochschule Hannover Klinik für Pferde
1. Gutachter:	Prof. Dr. Karsten Feige Klinik für Pferde
2. Gutachter:	Prof. Dr. Hewicker-Trautwein Institut für Pathologie
Tag der mündlichen Prüfung:	Hannover, den 28.01.2015

Teile dieser Dissertation wurden unter dem Titel

In vivo induction of interferon gamma expression in grey horses with metastatic melanoma resulting from direct injection of plasmid DNA coding for equine interleukin 12.
Mueller, J. -M. V.; Wissemann, J.; Meli, M. L.; et al (2011): SCHWEIZER ARCHIV FÜR TIERHEILKUNDE: 153: 509-513

veröffentlicht.

Inhaltsverzeichnis

1 Einleitung ... 9
2 Literaturübersicht ... 10
2.1 Melanome ... 10
2.1.1 Pathogenese ... 10
2.1.2 Klinisches Erscheinungsbild ... 10
2.2 Immunologie ... 12
2.3 Tumorimmunologie ... 13
2.3.1 Tumorantigene ... 13
2.3.2 Antitumorimmunität ... 13
2.3.3 Immun-„escape"-Mechanismen ... 14
2.4 Zytokine ... 14
2.4.1 Interleukin-12 ... 15
2.4.2 Interferon-γ ... 16
2.5 „Biological response modifiers" ... 16
2.6 Interleukin-12 in der Tumorimmunotherapie ... 17
2.6.1 Interleukin-12 und seine Antitumorwirkungen ... 17
2.6.2 Interleukin-12-Plasmid-DNA in der Tumorgentherapie ... 18
2.7 Plasmid-DNA ... 19
2.7.1 Natürliche Plasmide ... 19
2.7.2 Plasmid-DNA-Vektoren ... 20
2.7.3 „Internal Ribosome Entry Site" ... 21
2.8 Pharmakokinetik und Genexpression nackter Plasmid-DNA ... 22
2.8.1 Übersicht ... 22
2.8.1.1 Anatomische und physiologische Eigenschaften des Körpers ... 22
2.8.1.2 Chemische und biologische Eigenschaften von Plasmid-DNA ... 23
2.8.2 Transfektion der Zelle mit Plasmid-DNA ... 24
2.8.2.1 Übersicht ... 24
2.8.2.2 Transfektion ... 24
2.8.3 Elimination von Plasmid-DNA ... 26
2.8.4 Elimination und Expression von Plasmid-DNA nach i.v. Injektion ... 27
2.8.5 Elimination und Expression von Plasmid-DNA in Tumoren ... 28
2.8.5.1 Übersicht ... 28
2.8.5.2 Anatomische und physiologische Eigenschaften von Tumoren ... 29
2.8.5.3 Elimination von Plasmid-DNA in Tumoren ... 30
2.8.5.4 Expression von Plasmid-DNA in Tumoren ... 31
3 Material und Methode ... 33
3.1 Pferde ... 33
3.2 Klinische Allgemeinuntersuchung ... 33
3.3 Hämatologische und blutbiochemische Untersuchung ... 33
3.4 Auswahl und Lokalisation der Tumoren ... 34
3.5 Plasmid-DNA kodierend für equines Interleukin-12 ... 34
3.6 Injektion der Plasmid-DNA und die Entnahme der Proben ... 35
3.6.1 Intratumorale Injektion der Plasmid-DNA ... 35
3.6.2 Zeitpunkte der Probenentnahmen ... 36

3.6.3 Entnahme der Blutproben und der Tumormikrobiopsien 36
3.7 Molekularbiologische Untersuchungen 37
3.7.1 Isolation und Transkription 37
3.7.1.1 Isolation der DNA aus den Blutproben 37
3.7.1.2 Isolation der mRNA aus den Tumormikrobiopsien 38
3.7.1.3 Reverse Transkription der mRNA in cDNA 39
3.7.1.4 Isolation der DNA aus den Tumormikrobiopsien 39
3.7.2 Durchführung der Real-Time PCR 40
3.7.2.1 Absolute Quantifikation der IRESp40-DNA und der p40-DNA im Blut und im Tumorgewebe 41
3.7.2.2 Relative Quantifikation der cDNA kodierend für IRESp40-mRNA und IFN-γ-mRNA im Tumorgewebe 42
3.8 Statistik 43
4 Ergebnisse 44
4.1 Tumoren 44
4.2 Klinische, hämatologische und blutbiochemische Untersuchung 44
4.3 Eliminationskinetik von IL-12-Plasmid-DNA im Blut 44
4.3.1 Quantitativer Nachweis von IRESp40-DNA im Blut 44
4.3.2 Quantitativer Nachweis von p40-DNA im Blut 47
4.4 Expressionskinetik von IRESp40-mRNA und IFN-γ-mRNA im Tumor 48
4.4.1 Nachweis von IRESp40-mRNA im Tumorgewebe 48
4.4.2 Nachweis von IFN-γ mRNA im Tumorgewebe 50
4.5 Eliminationskinetik von IL-12-Plasmid-DNA im Tumor 51
4.5.1 Quantitativer Nachweis von IRESp40-DNA im Tumorgewebe 51
4.5.2 Quantitativer Nachweis von p40-DNA im Tumorgewebe 52
5 Diskussion 54
5.1 Allgemein 54
5.2 Klinischer Verlauf des Allgemeinzustandes 54
5.3 Eliminationskinetik der IL-12-Plasmid-DNA im Blut 54
5.4 Expressionskinetik der IL-12-Plasmid-DNA im Tumorgewebe 56
5.5 Expressionskinetik der IFN-γ-mRNA im Tumorgewebe 60
5.6 Eliminationskinetik der IL-12-Plasmid-DNA im Tumor 61
5.7 Schlussfolgerungen 61
6 Zusammenfassung 63
7 Summary 65
8 Literaturverzeichnis 67
9 Anhang 84
9.1 Namen und Bezugsquellen der verwendeten Primer und Sonden sowie der Kits und des Mastermix 84
9.1.1 Primer und Sonden 84
9.1.1.1 Primer und Sonde zum Nachweis von IRESp40-DNA und IRESp40-cDNA 84
9.1.1.2 Primer und Sonde zum Nachweis von p40-DNA 84
9.1.1.3 Primer und Sonde zum Nachweis von Interferon-γ-cDNA 84
9.1.1.4 Primer und Sonde zum Nachweis von GAPDH-cDNA 84
9.1.2 Kits 85

9.1.3 Mastermix ... 85
9.2 Ergebnisse der Real-Time PCR ... 85
9.2.1 Konzentration von IRESp40-DNA im Blut ... 85
9.2.2 Konzentration von p40-DNA im Blut ... 86
9.2.3 Expressionswerte von IRESp40-mRNA im Tumorgewebe ... 86
9.2.4 Expressionswerte von IFN-γ-mRNA im Tumorgewebe ... 87
9.2.5 Konzentration von IRESp40-DNA im Tumorgewebe ... 87
9.2.6 Konzentration von p40-DNA im Tumorgewebe ... 88

Abkürzungsverzeichnis

B-Zellen	B-Lymphozyten
°C	Grad Celsius
CD4-T-Zellen	T-Helferzellen
CD8-T-Zellen	zytotoxische T-Lymphozyten
cm	Zentimeter
CMV-Promotor	Zytomegalovirus-Promotor
Ct-Wert	Fluoreszenz-Schwellenwert
d	Tag
DNA	Desoxyribonukleinsäure
cDNA	komplementäre Desoxyribonukleinsäure
gDNA	genomische Desoxyribonukleinsäure
DNase	Desoxyribonuklease
dNTP	Desoxyribonukleosidtriphosphat
EDTA	Ethylendiamintetraessigsäure
ELISA	Enzyme Linked Immunosorbent Assay
FAM	6-Carboxyfluorescein
G	Gauge
GAPDH	Glyceraldehyd-3-phosphatdehydrogenase
h	Stunden
IFN-γ	Interferon-γ
IL-12	Interleukin-12
IP-10	Interferon-inducible Chemokine
IRES	Internal Ribosome Entry Site
i.v.	intravenös
kDa	Kilodalton
kg	Kilogramm
MHC	Major Histocompatibility Complex
MIG	Monokine induced by Interferon-γ
min	Minuten

ml	Milliliter
mm	Millimeter
mRNA	messenger Ribonukleinsäure
NK-Zellen	Natürliche Killerzellen
nm	Nanometer
PBS	phosphatgepufferte Kochsalzlösung
Real-Time PCR	Real-Time Polymerase-Kettenreaktion
RNA	Ribonukleinsäure
RNase	Ribonuklease
U/min	Umdrehungen pro Minute
TAMRA	5-Carboxytetramethylrhodamin
Taq-Polymerase	thermostabile DNA-Polymerase
TET	Tetrachloro-6-carboxyfluorescein
TGF-β	Transforming Growth Factor-beta
T-Zellen	T-Lymphozyten
µg	Mikrogramm
µl	Mikroliter

1 Einleitung

Bei Melanomen handelt es sich um Tumoren der Pigmentzellen. Sie machen 3,8 % aller Tumoren beim Pferd aus. Besonders bei Schimmeln kommen Melanome mit einer hohen Inzidenz vor. Ungefähr 80 % dieser Tiere bilden ab einem Alter von 15 Jahren Melanome aus. Das Melanom des Pferdes wird besonders in der Perianalregion sowie am Kopf im Bereich der Lippen, der Augenlider und der Parotisgegend beobachtet. Die Tumoren metastasieren über die Blut- und Lymphgefäße in die regionalen Lymphknoten und von dort in die inneren Organe. Dies kann schwere Funktionsverluste nach sich ziehen. Ein häufigeres Problem stellen jedoch durch expansives Wachstum der Tumoren auftretende Kot- und Harnabsatzstörungen dar. Daneben können Melanome je nach Lokalisation die Gebrauchsfähigkeit des Pferdes erheblich beeinträchtigen. Bisher existieren keine erfolgreichen Therapieverfahren gegen das equine Melanom. Eine Behandlungsmöglichkeit stellt die Tumorimmunotherapie dar. Bei einem Verfahren dieser Therapiemethode wird für Zytokine kodierende Plasmid-DNA intratumoral appliziert. Hiermit soll die Immunogenität von Tumoren gesteigert werden, damit diese vom körpereigenen Abwehrsystem erkannt und bekämpft werden können. Aus zahlreichen wissenschaftlichen Arbeiten der Human- und Veterinärmedizin geht hervor, dass das Zytokin Interleukin-12 zur Tumorregression führt und antimetastatische Wirkungen besitzt. Ziel der vorliegenden Untersuchung ist die Ermittlung der Eliminations- und Expressionskinetik intratumoral verabreichter für Interleukin-12 kodierender Plasmid-DNA in Melanomen beim Schimmel. Daneben wird beabsichtigt die IFN-γ-mRNA-Expression im Tumorgewebe zu bestimmen. Die Ergebnisse dieser Arbeit sollen zur Verbesserung der Melanomtherapie mit Interleukin-12 beitragen.

2 Literaturübersicht

2.1 Melanome

2.1.1 Pathogenese

Bei Melanomen handelt es sich um Tumoren der Pigmentzellen (PULLEY u. STANNARD 1990; WEISS u. TEIFKE 1999). Die Geschwülste treten häufig bei alten Schimmeln (WEISS u. TEIFKE 2007), vereinzelt auch bei Pferden mit anderen Fellfarben auf (KNOTTENBELT u. PASCOE 2000; SCOTT u. MILLER 2003). Sie machen ungefähr 3,8 % aller diagnostizierten equinen Tumoren (SUNDBERG et al. 1977) und 6-14 % der Hauttumoren beim Pferd aus (VALENTINE 2006). Annähernd 75-80 % aller Schimmel über 15 Jahre sind von multiplen Melanomen befallen (VALENTINE 1995; SELTENHAMMER et al. 2003). Die Tumoren treten selten vor dem sechsten Lebensjahr auf (PULLEY u. STANNARD 1990). Die Größe und die Anzahl korrelieren signifikant mit dem Alter des Pferdes, und es besteht keine Rasse- oder Geschlechtsdisposition (SCOTT u. MILLER 2003; DIETZ 2006). Der Grund für die Entstehung von Melanomen ist unbekannt (PULLEY u. STANNARD 1990; SCOTT u. MILLER 2003). Die hohe Inzidenz von Melanomen bei Schimmeln wird mit der altersabhängigen Depigmentation in Zusammenhang gebracht (JEGLUM 1997; RIEDER et al. 2000). PILSWORTH und KNOTTENBELT (2006) vermuten, dass es sich bei dieser Erkrankung um eine Speicherkrankheit handeln könnte. ROSENGREN PIELBERG und Mitarbeiter (2008) machen eine im Zusammenhang mit der Fellfarbe Schimmel selektierte Mutation für die frühzeitige Vergrauung und die erhöhte Anfälligkeit von Schimmeln für Melanome verantwortlich.

2.1.2 Klinisches Erscheinungsbild

Für das equine Melanom werden drei Wachstumsformen beschrieben. Die erste Form zeigt ein langsames Wachstum über viele Jahre ohne Metastasenbildung. Eine zweite Form ist durch ein jahrelanges langsames Wachstum und ein plötzlich einsetzendes rasches Wachstum mit Metastasenbildung gekennzeichnet. Die dritte Form beinhaltet maligne Tumoren, die von Beginn an ein schnelles Wachstum zeigen (SCOTT u. MILLER 2003; REES 2004). Die genannten Wachstumsformen beziehen weder die Epidermis noch die dermoepidermale Verbindungszone mit ein, sondern sind entweder in der Dermis oder in der Subkutis lokalisiert (FLEURY et al. 2000; SELTENHAMMER et al. 2004). Die Geschwülste sind für gewöhnlich fest, schwarz und wachsen überwiegend knötchenförmig (REES 2004). Einige Tumoren sondern eine dickflüssige, schwarze Substanz ab (SCOTT u. MILLER 2003). Die das Melanom überdeckende Haut kann haarlos, pigmentiert, ulzeriert oder normal erscheinen (SHAPPELL u. LITTLE 1992). Die Tumoren können sich an jeder Stelle des Körpers entwickeln, treten für gewöhnlich aber an der Schweifrübenunterseite, an den äußeren Geschlechtsorganen und in der Perianalregion auf (SCOTT u. MILLER 2003). Am Kopf wachsen die Neoplasien im Bereich des Ohrgrundes, der Parotisgegend, der Lippen und der Augenlidor (SCOTT u. MILLER 2003; DIETZ 2006). Üblicherweise zeigen equine dermale Melanome ein multizentrisches Wachstum (JEGLUM 1997). Daneben metastasieren Melanome über die Blut- und Lymphgefäße in die regionären Lymphknoten (PULLEY u. STANNARD 1990; JEGLUM 1997). Am häufigsten sind das Brust- und das Bauchfell, die Lymphknoten des Magen-Darm-Kanals, die Leber, die Lungen und die Milz von Tochtergeschwülsten betroffen (DIETZ 2006). Aber auch die Ohrspeicheldrüsen, die Luftsäcke und die Iriden (KNOTTENBELT u. PASCOE 2000), das Herz (JEGLUM 1997; PASCOE u. KNOTTENBELT 1999; MACGILLIVRAY et al. 2002) und die Blutgefäße (MACGILLIVRAY et al. 2002) sowie das Gehirn (JEGLUM 1997) und das Rückenmark (PASCOE u. KNOTTENBELT 1999) werden befallen. Die Metastasen können, abhängig von dem betroffenen Organ, zu den unterschiedlichsten klinischen Symptomen führen (SHAPPELL u. LITTLE 1992; MACGILLIVRAY et al. 2002). Ein häufigeres Problem stellen jedoch die durch das expansive Tumorwachstum bedingten Kot- und Harnabsatzstörungen dar (ROWE u. SULLINS 2004). Tumoren in der Gurt- und Sattellage beziehungsweise im Bereich des Zaumzeugs schränken die Nutzung des Tieres als Reitpferd ein.

Tumoren gibt und dass T-Zellen eine entscheidende Vermittlerrolle bei der Tumorimmunität spielen (JANEWAY et al. 2002). Zytolytische T-Zellen erkennen Tumorantigene und lysieren Tumorzellen, sofern diese MHC-1-Moleküle auf ihrer Zelloberfläche exprimieren. Makrophagen wirken auf Tumorzellen zytostatisch und zytolytisch. Das Abtöten der Tumorzellen erfolgt durch die Einleitung der Apoptose (JUNGI 2000). Ihre wichtigsten Effektormechanismen sind die Produktion von Stickoxid, Sauerstoffradikalen, Zytokinen und Esterasen. Antikörper, die gegen tumorassoziierte Antigene gerichtet sind, vermitteln eine antikörperabhängige zelluläre Zytotoxizität. Zytokine und Hormone können das Wachstum gewisser Tumoren hemmen (JUNGI 2000).

2.3.3 Immun-„escape"-Mechanismen

Tumorzellen entgehen der Kontrolle des Immunsystems auf vielfältige Weise. Ein Grund ist die unzureichende Immunogenität von Tumoren (JUNGI 2000). Anfangs ist der Tumor zu klein, um vom Immunsystem erkannt zu werden und später, wenn er eine Immunantwort stimuliert, bereits zu groß für einen Abbau (BEVERLEY 1995). Tumorzellen können der Abwehr durch die Veränderung oder den Verlust von Antigenen, durch das Verschwinden von MHC-1-Molekülen oder durch die Entwicklung einer Resistenz widerstehen (JUNGI 2000). Tumoren führen unter anderem durch die Bildung immunsuppressiver Zytokine, wie etwa TGF-β, zur Immunsuppression (JANEWAY et al. 2002). Ein weiterer Grund für die ungenügende Wirksamkeit des Immunsystems sind so genannte „enhancing antibodies". Dies sind Antikörper, welche die Erkennungsstrukturen für T-Zellen, NK-Zellen und Makrophagen auf der Tumoroberfläche blockieren (JUNGI 2000) und damit das Tumorwachstum verstärken (WEISS 1982).

2.4 Zytokine

Zytokine sind lösliche hormonartige Substanzen und ermöglichen die interzelluläre Kommunikation (JUNGI 2000). Nach ihrer biologischen Funktion werden die Polypeptide in Wachstumsfaktoren, Interleukine, Interferone und Chemokine eingeteilt. Zytokine werden von verschiedenen Zelltypen nach Stimulation synthetisiert und sezerniert. Sie wirken im pico- bis nanomolaren Bereich über kurze Distanzen von wenigen Mikrometern entweder parakrin oder autokrin (LÖFFLER et al. 2007). Die endokrine Wirkung eines Zytokins auf entfernt liegende Zellen ist abhängig von seiner Verteilung in den Blutkreislauf und seiner Halbwertszeit (JANEWAY et al. 2002). Die spezifischen Rezeptoren auf der Oberfläche der Zielzelle leiten das Signal der Zytokinbindung in das Zellinnere weiter. Auf der Zytoplasmaseite werden Signaltransduktionskaskaden aktiviert. Dadurch kommt es zu einer veränderten Genexpression (LÖFFLER u. PETRIDES 2003). Ein Zytokin kann auf verschiedene Zelltypen einwirken und unterschiedliche Antworten hervorrufen (Pleiotropie) (LÖFFLER u. PETRIDES 2003). Andererseits können unterschiedliche Zytokine dieselben oder überlappende Eigenschaften besitzen (Redundanz) (JUNGI 2000; TIZARD 2009). Zytokine induzieren die kaskadenartige Synthese weiterer Zytokine (JUNGI 2000) und beeinflussen die Wirkung anderer Zytokine additiv, synergistisch oder antagonistisch (LÖFFLER et al. 2007).

2.4.1 Interleukin-12

Interleukin-12 ist ein Zytokin, welches aus einer α-Kette (p35-Untereinheit) und einer β-Kette (p40-Untereinheit) besteht. Die beiden Ketten sind durch eine Disulfidbrücke miteinander verbunden und bilden das biologisch aktive 74kDa Heterodimer (COLOMBO u. TRINCHIERI 2002). Interleukin-12 wird von Monozyten, Makrophagen, B-Zellen und dendritischen Zellen gebildet. In Pferden wird die p35-Untereinheit kontinuierlich produziert, während die p40-Untereinheit nur nach Makrophagenaktivierung erzeugt wird (TIZARD 2004). Die Entfaltung der Aktivität von IL-12 ist rezeptorabhängig (YAMAMOTO et al. 1999). Der IL-12-Rezeptor setzt sich aus der β1- und der β2-Untereinheit zusammen. Während die β1-Untereinheit für die Bindung des IL-12 verantwortlich ist, übernimmt die β2-Untereinheit die Aufgabe der Signalübermittlung. IL-12-Rezeptoren kommen auf aktivierten T-Zellen und NK-Zellen vor und gehören den Typ-1-Transmembranglykoproteinen an (GATELY et al. 1998). Durch die Bindung von IL-12 an seinen Rezeptor kommt es zur Aktivierung von rezeptorabhängigen Tyrosinkinasen. Diese führt zur Induktion eines speziellen Signalproteins, welches im Zellkern die Transkription bestimmter Gene induziert (AKIRA 1999; YAMAMOTO et al. 1999). Die Plasmahalbwertszeit von intravenös verabreichtem Interleukin-12 liegt beim Menschen zwischen 5-10 Stunden (ATKINS et al. 1997).

2.4.2 Interferon-γ

Interferon-γ wird von Th1-Zellen, CD8-Zellen und von NK-Zellen produziert. Es wirkt unter anderem auf B-Zellen, T-Zellen, NK-Zellen und Makrophagen ein (TIZARD 2004). Der IFN-γ-Rezeptor wird von weitgehend allen somatischen und malignen Zellen exprimiert (BOEHM et al. 1997). Interferon-γ steigert das Auftreten von MHC-1-Molekülen auf T-Zellen und Tumorzellen sowie die Expression von MHC-2-Molekülen auf Endothelzellen, Keratinozyten, dendritischen Zellen, Fibroblasten und Makrophagen (TIZARD 2004). Daneben bewirkt es die Differenzierung von CD4-Zellen zu Th1-Zellen (TRINCHIERI 1995). Es stimuliert Th1-Zellen zur Bildung von IL-2 sowie IL-2-Rezeptoren und hemmt die Bildung von IL-4 in Th2-Zellen. Zudem steigert es die Aktivität von NK-Zellen und Makrophagen. Die aktivierten NK-Zellen bilden wiederum IFN-γ, was zur Aktivierung weiterer NK-Zellen führt (TIZARD 2004). Subkutan verabreichtes Interferon-γ weist im menschlichen Körper eine Plasmahalbwertszeit von 5 Stunden auf (Fachinformation zu Imukin® von Boehringer Ingelheim AG & Co. KG, Stand der Information: Juni 2009).

2.5 „Biological response modifiers“

Substanzen, die das unspezifische Abwehrsystem stimulieren oder eine spezifische Immunantwort verstärken, werden „Biological response modifiers“ genannt. In der Tumorimmunotherapie werden diese Substanzen eingesetzt, um die Immunantwort gegen Tumoren anzuregen oder zu verstärken (JUNGI 2000). Zu diesen BRMs zählen unter anderem Interleukine und Interferone (CRUSE u. LEWIS 1999).

2.6 Interleukin-12 in der Tumorimmunotherapie

2.6.1 Interleukin-12 und seine Antitumorwirkungen

Studien belegen, dass die Tumortherapie mit IL-12 die Metastasenbildung reduziert, das Tumorwachstum hemmt und die Überlebenszeit der Patienten verlängert (BRUNDA et al. 1993; BRUNDA et al. 1996). Der antitumorale Effekt von IL-12 konnte auch in fortgeschrittenen Tumorstadien beobachtet werden. In vielen Fällen kam es zur Tumorregression und zur Ausbildung einer Immunität gegenüber einem erneuten Tumorbefall (BRUNDA et al. 1993; BRUNDA et al. 1996; COLOMBO et al. 1996; FUJIWARA u. HAMAOKA 1996; COLOMBO u. TRINCHIERI 2002). Die Antitumoraktivität von IL-12 wirkt über Mechanismen der angeborenen und der erworbenen Immunität (COLOMBO u. TRINCHIERI 2002). Zum einen findet eine Stimulation des unspezifischen Immunsystems durch die Aktivierung von NK-Zellen statt (BRUNDA et al. 1993; SMYTH et al. 2000; HEINZERLING et al. 2002), und zum anderen wird das spezifische Immunsystem über die Induktion einer Th1-Immunantwort (CD4-T-Zellen) (MANETTI et al. 1993; GATELY et al. 1998) und die Ausbildung von CD8-T-Zellen stimuliert (BRUNDA et al. 1993; NASTALA et al. 1994; BRUNDA et al. 1996; TANNENBAUM et al. 1996; HA et al. 1998; COLOMBO u. TRINCHIERI 2002; HEINZERLING et al. 2002). Die antitumoralen und antimetastatischen Effekte von IL-12 kommen erst durch die von IL-12 induzierten zellulären und molekularen Faktoren zustande (BRUNDA et al. 1996). Interleukin-12 ist für die Bildung weiterer Zytokine, insbesondere von IFN-γ in NK-Zellen und T-Zellen, verantwortlich (TRINCHIERI 1995; TIZARD 2004). Dieses wiederum bewirkt über einen positiven Feedback-Mechanismus die Synthese von IL-12 (SCHULTZ et al. 2000). Während IL-12 ausschließlich auf Zellen des Immunsystems einwirken kann, ist IFN-γ in der Lage somatische Zellen sowie Tumorzellen zu beeinflussen (COUGHLIN et al. 1998). Über die Stimulation der Ausschüttung des Chemokins IP-10 durch Tumorzellen regt IFN-γ NK-Zellen und CD8-T-Zellen dazu an, das Tumorgewebe zu infiltrieren und Tumorzellen zu zerstören (TANNENBAUM et al. 1996). Antikörper gegen das Chemokin IP-10 können die antitumorale Wirkung von IL-12 aufheben (BUKOWSKI et al. 1999). Weiterhin scheinen zytotoxische T-Zellen für die antitumorale Wirkung von IL-12 ausschlaggebend zu sein. CD8-T-Zell-Knockout-Mäuse zeigten im Gegensatz zu Wildtyp-Mäusen keine Tumorregression nach der Therapie mit IL-12 (BRUNDA et al. 1993). CD8-T-Zellen und NK-Zellen machen den größten Teil der infiltrierenden Lymphozyten im Tumor aus (COLOMBO et al. 1996; HA et al. 1998). Das Fehlen von CD4-T-Zellen wirkte sich nicht negativ auf den Antitumoreffekt von IL-12 aus (BRUNDA et al. 1993). Ein weiterer Effekt des durch IL-12 induzierten IFN-γ besteht in der Steigerung der Immunogenität von Tumoren durch eine vermehrte Präsentation von Antigenen auf der Tumorzelloberfläche (COUGHLIN et al. 1998). Daneben induziert IL-12 die Bildung von Antikörpern zur Opsonierung von Tumorzellen durch Phagozyten und NK-Zellen (COLOMBO u. TRINCHIERI 2002). Einen letzten wichtigen Antitumormechanismus von IL-12 stellt die Induktion von antiangiogenetischen Faktoren dar (KERBEL u. HAWLEY 1995; SGADARI et al. 1996; HEINZERLING et al. 2002). Sie wirken sich nicht nur auf die Gefäßneubildung, sondern auch auf bereits bestehende Tumorgefäße aus (HEINZERLING et al. 2002). Die Hemmung der Angiogenese kommt unter anderem durch die IL-12-vermittelte Bildung von IFN-γ zustande (GEE et al. 1999; COLOMBO u. TRINCHIERI 2002). Durch IL-12 aktivierte NK-Zellen und T-Zellen greifen das Tumorgefäßendothel an (COLOMBO u. TRINCHIERI 2002). Zudem konnte gezeigt werden, dass durch IL-12 induzierte Chemokine (IP-10; MIG) die Proliferation (LUSTER et al. 1995; VOEST et al. 1995) und die Differenzierung (SGADARI et al. 1996) von Endothelzellen hemmen.

2.6.2 Interleukin-12-Plasmid-DNA in der Tumorgentherapie

Die direkte Verabreichung von Genen an Patienten stellt eine hervorragende Methode für die Behandlung einer Vielzahl von Erkrankungen dar (NISHIKAWA et al. 2005b). In der *in vivo* Tumorgentherapie wird nackte Plasmid-DNA direkt in das Tumorgewebe injiziert (NISHIKAWA u. HASHIDA 1999). Mit lokalen Applikationen ist es möglich, einerseits die antitumorale Wirkung von IL-12-Plasmid-DNA zu erhöhen und gleichzeitig die systemischen Nebenwirkungen zu reduzieren (HEINZERLING et al. 2002). Für IL-12 kodierende Plasmid-DNA bewirkt eine für Wochen anhaltende Expression von IL-12 und damit eine dauerhafte Produktion von IFN-γ bei der

Maus (SCHULTZ et al. 2000). Zahlreiche Untersuchungen bewiesen die antitumorale Wirksamkeit von intratumoral applizierter für IL-12 kodierender Plasmid-DNA (BUDRYK et al. 2000; HEINZERLING et al. 2001; HEINZERLING et al. 2002; SHI et al. 2002; IMBODEN et al. 2003; HEINZERLING et al. 2005; STÄHLI 2005). HEINZERLING et al. (2001) beobachteten, dass beim Pferd die intratumorale Behandlung von Melanomen mit für humanes Interleukin-12 kodierender Plasmid-DNA zu einer signifikanten Tumorregression bei sämtlichen behandelten Tumoren führte. Bei einem Tumor konnte ein vollständiges Verschwinden festgestellt werden. In einer Untersuchung an Mäusen zeigten HEINZERLING et al. (2002), dass die intratumorale Verabreichung von für IL-12 kodierender Plasmid-DNA in murinen Melanomen eine Wachstumsverzögerung verursacht. In einer Untersuchung von STÄHLI (2005) wurden bei acht Schimmeln Melanome intratumoral mit für equines Interleukin-12 kodierender Plasmid-DNA behandelt. Die behandelten Tumoren zeigten während des Untersuchungszeitraumes eine Tendenz zur Volumenabnahme. Sowohl bei den Mäusen als auch bei den Schimmeln traten unter der Behandlung keine Nebenwirkungen auf. Diese Studien bekräftigen die Wirkung und die Sicherheit von für IL-12 kodierender Plasmid-DNA zur therapeutischen Anwendung bei Melanompatienten.

2.7 Plasmid-DNA

2.7.1 Natürliche Plasmide

Plasmide sind kleine ringförmige DNA-Elemente, die in Bakterien frei im Zytosol vorliegen. Natürlich vorkommende Plasmide sind bis zu 400000 Basenpaare groß (NELSON u. COX 2005) und können für bis zu hundert verschiedene Proteine kodieren (SCHLEEF 2001). Plasmide vervielfältigen sich unabhängig vom Chromosom des Bakteriums. In der Natur tragen einige Plasmide Genabschnitte, die Bakterien eine Resistenz gegenüber Toxinen oder Antibiotika verleihen. Plasmide lassen sich aus Bakterien in unversehrter Form isolieren. Es ist möglich in isolierte Plasmide fremde Gene einzubauen. Ein derart verändertes Plasmid wird dann wieder in seine normale Wirtszelle eingebracht, wo es repliziert und transkribiert wird. Dabei veranlasst es in vielen Fällen die Wirtszelle, das von dem fremden Gen kodierte Protein zu produzieren, obwohl dieses Gen nicht zum normalen Genom der Zelle gehört (NELSON u. COX 2005).

2.7.2 Plasmid-DNA-Vektoren

Plasmid-Vektoren sind kleiner als natürliche Plasmide. Sie bestehen aus einem Replikationssystem, aus einem oder mehreren Selektionsmarkern und einer „multiple cloning site". Das Replikationssystem beinhaltet die „origin of replication". Hier beginnt die Replikation. Die Selektionsmarker sind meist Antibiotikaresistenzen und dienen der Selektion der Bakterien, die das Plasmid tragen. Die „multiple cloning site" enthält Restriktionsschnittstellen für Endonukleasen zum Einfügen eines fremden DNA-Fragmentes (SCHLEEF 2001). Ein Plasmid-DNA-Molekül, in dem DNA-Abschnitte unterschiedlicher Herkunft miteinander verknüpft sind, wird als rekombinante DNA bezeichnet (NELSON u. COX 2005). Plasmid-DNA-Vektoren replizieren sich nicht in eukaryotischen Zellen und sind so konstruiert, dass die Gefahr der Integration der Plasmid-DNA in das Genom der Wirtszelle minimiert wird (SCHLEEF 2001). Daneben besitzen sie eine geringe Immunogenität und können wiederholt verabreicht werden (CONWELL u. HUANG 2005). Der überwiegende Teil der Plasmide, die aus Bakterien gewonnen werden, sind kovalent geschlossene Ringe (covalent closed circle = ccc oder Form 1). Das Plasmid hat eine kompakte Struktur, die doppelsträngige Helix ist um sich selbst gewunden und beide Stränge sind intakt. Die meisten Plasmide in Bakterien sind negativ supercoiled. Dies bezeichnet die entgegengesetzte Drehung der rechtsgewundenen Doppelhelixstruktur. Die Drehspannung ist wichtig für die Replikation und die Transkription (SCHLEEF 2001). Ein durch mechanischen Stress oder Restriktionsendonukleasen verursachter Bruch eines DNA-Stranges resultiert in einer offenen zirkulären Form (oc Form oder Form 2) mit dem Verlust des molekularen Coilings. Die Form ist entspannter und folglich weniger kompakt. Lineare DNA-Moleküle entstehen bei dem Bruch beider DNA-Stränge. Die wirksamste Transfektion von Zellen *in vivo* findet mit der supercoiled Plasmid-DNA statt (SCHLEEF 2001). ADAMI et al. (1998) berichten, dass die offene zirkuläre Form der Plasmid-DNA eine um 10 % und die lineare Form der Plasmid-DNA eine um eine 90 % reduzierte Gentransfektionsfähigkeit im Vergleich zur supercoiled Form aufweisen. Abgebaute, linearisierte DNA-Fragmente können biologisch aktiv sein, solange sie zumindest die unentbehrlichen Elemente für die Transkription besitzen (NISHIKAWA et al. 2005a).

2.7.3 „Internal Ribosome Entry Site“

Bei der „internal ribosome entry site“ (IRES) handelt es sich um eine Nukleotidsequenz, die einen Translationsbeginn inmitten der mRNA erlaubt. Normalerweise befindet sich am 5´-Ende einer zellulären mRNA ein speziell angebundenes Nukleotid, die so genannte 5´-Cap-Struktur. Zusammen mit weiteren zellulären Faktoren wird durch sie die Bindung der mRNA an die Ribosomen ermöglicht und dadurch die Translation in Eukaryoten initiiert (MOKREJS et al. 2006). Eine IRES vermittelt ohne Initiationsfaktoren die Bindung der mRNA an die Ribosomen. Dadurch kann die Synthese von Proteinen (Translation) unmittelbar gestartet werden. Die IRES-Elemente wurden ursprünglich in eukaryotischen Viren, später auch in zellulärer mRNA gefunden. Sie bestehen aus 200 bis 1300 Nukleotiden und enthalten Sekundärstrukturen (SCHLEEF 2001). Die IRES liegt zwischen zwei für Reporterproteine kodierende Regionen in der eukaryotischen mRNA, welche als bicistronische mRNA bezeichnet wird. Das erste Reporterprotein wird durch die cap-abhängige Initiation synthetisiert, die Initiation der Translation des zweiten Reporterproteins geschieht durch IRES (MOKREJS et al. 2006). Die Translation durch IRES kann genauso leistungsfähig wie, oder sogar noch leistungsfähiger, als die cap-abhängige Produktion sein (SCHLEEF 2001).

2.8 Pharmakokinetik und Genexpression nackter Plasmid-DNA

2.8.1 Übersicht

Die Pharmakokinetik beschreibt die Wirkung des Organismus auf einen Stoff (LÖSCHER et al. 2006). In der *in vivo* Gentherapie stellt die Pharmakokinetik die Studie der Resorption, Verteilung, Metabolisierung und Exkretion zugeführter DNA dar. Sie ist von erheblicher Bedeutung für die Entwicklung geeigneter Vektoren und Therapieprotokolle (NISHIKAWA et al. 2005a). Eine Strategie für die Transfektion von somatischen Zellen mit DNA *in vivo* ist die Injektion einer hohen Dosis unverpackter, nackter Plasmid-DNA (NISHIKAWA u. HUANG 2001; SCHLEEF 2001). Eine transgene Expression kann nur in den Zellen stattfinden, die vom Vektor erreicht wurden. Aus diesem Grund ist die Gewebeverteilung der Gene der wichtigste Prozess in der Pharmakokinetik der Plasmid-DNA (NISHIKAWA et al. 2005a). Die Gewebeverteilung wird durch die chemischen und biologischen Eigenschaften des verabreichten Vektors und von den anatomischen und physiologischen Eigenschaften des Organismus bestimmt (NISHIKAWA u. HUANG 2001; NISHIKAWA et al. 2005b).

2.8.1.1 Anatomische und physiologische Eigenschaften des Körpers

Abhängig von den anatomischen und physiologischen Eigenschaften des Gewebes wird die Plasmid-DNA zu den unterschiedlichsten Zellen im Körper transportiert. Die Höhe des Blutflusses bestimmt die Verteilungsmenge der Makromoleküle in den verschiedenen Geweben. Der Blutfluss zu den Nieren, zur Leber und zum Gehirn ist viel höher als der zur Haut, zur Muskulatur und zum Fett. In schlecht durchbluteten Geweben findet nur eine geringe Genverteilung statt (NISHIKAWA et al. 2005b). Im Blutkreislauf hat die Plasmid-DNA einen direkten Kontakt zu den Kapillarendothelzellen sowie zu den verschiedensten im Blut zirkulierenden Zellen. Sie muss durch die Endothelschicht der Kapillaren gelangen, um mit dem Parenchym in Wechselwirkung treten zu können. Der Aufbau der Kapillarwand schwankt stark abhängig von dem jeweiligen Organ. Kontinuierliche Kapillaren befinden sich in der Haut und im subkutanen Gewebe, aber auch in der Lunge und in der Muskulatur (NISHIKAWA et al. 2005b). Sie bestehen aus einer ununterbrochenen Basalmembran und die Endothelzellen sind durch Zellkontakte miteinander verbunden (BENNETT et al. 1959). Der Durchtritt von Plasmid-DNA durch die Wand kontinuierlicher Kapillaren ist außerordentlich beschränkt (NISHIKAWA et al. 2005b). Unter normalen Bedingungen kann Plasmid-DNA nur durch die Gefäßwand diskontinuierlicher Endothelien passieren (NISHIKAWA u. HASHIDA 2002). Diskontinuierliche Endothelien weisen zwischen 30-500 nm große Lücken zwischen den Endothelzellen auf. Die Basalmembran ist nur teilweise ausgebildet (NISHIKAWA u. HUANG 2001). Diskontinuierliche Kapillargefäße befinden sich in der Leber, in der Milz und im Knochenmark (NISHIKAWA et al. 2005b). Die Plasmid-DNA hat trotz ihres verhältnismäßig hohen Molekulargewichts einen direkten Zugang zu den Parenchymzellen dieser Organe (NISHIKAWA u. HASHIDA 1999; NISHIKAWA et al. 2005b). Krankhafte Zustände, wie zum Beispiel Entzündungen, können den Aufbau der Kapillarwand verändern (NISHIKAWA et al. 2005b). In soliden Tumoren wurde ebenfalls eine erhöhte Gefäßpermeabilität festgestellt (YUAN et al. 1995).

2.8.1.2 Chemische und biologische Eigenschaften von Plasmid-DNA

Pharmakokinetikstudien zeigen, dass das Schicksal eines Vektors von seinen chemischen und biologischen Eigenschaften bestimmt wird. Hierzu zählen Molekulargewicht, Größe, Lipophilie und elektrische Ladung (NISHIKAWA u. HASHIDA 1999). Die Plasmid-DNA ist ein großes Molekül mit einem Molekulargewicht von ungefähr 2500 kDa. Zudem besitzt sie eine starke anionische Ladung. Unter normalen Bedingungen hat Plasmid-DNA Schwierigkeiten, die verschiedenen anatomischen und biologischen Barrieren zu passieren und ihre Verteilung im Körper ist begrenzt (NISHIKAWA et al. 2005a). Daneben führt die geringe Stabilität sowie die kurze Halbwertszeit von nackter Plasmid-DNA nach dem Eintritt in den Körper zu einem schnellen Abbau (PATIL et al. 2005).

2.8.2 Transfektion der Zelle mit Plasmid-DNA

2.8.2.1 Übersicht

Die direkte Injektion von nackter Plasmid-DNA in Tumoren resultiert in einer signifikanten Genexpression innerhalb des injizierten Gewebes (NOMURA et al. 1997). Die Voraussetzung zur Genexpression ist die Aufnahme der Plasmid-DNA in die Zelle und ihr Transport zum Nukleus (LECHARDEUR et al. 1999; BUDKER et al. 2000; POLLARD et al. 2001; LECHARDEUR et al. 2005). Die Wirksamkeit des *in vivo* Gentransfers ist an die Höhe und die Dauer der transgenen Expression gebunden und wird von der Anzahl der transfizierten Zellen bestimmt (NISHIKAWA u. HASHIDA 2002; NISHIKAWA et al. 2005b). Für eine erfolgreiche *in vivo* Gentherapie müssen die verabreichten Gene unzählige Hindernisse überwinden (NISHIKAWA et al. 2005b). Bei jedem Schritt auf dem Weg zum Nukleus geht ein Teil der Plasmid-DNA verloren (LUO u. SALTZMAN 2000). Trotz allem ist nackte Plasmid-DNA in der Lage in Zellen einzudringen und eine Genexpression zu bewirken (PATIL et al. 2005).

2.8.2.2 Transfektion

Die Fähigkeit von nackter Plasmid-DNA in die Zielzelle aufgenommen zu werden und eine Genexpression zu bewirken ist nur mäßig ausgebildet (CONWELL u. HUANG 2005; PATIL et al. 2005; VAUGHAN et al. 2006). Das hohe Molekulargewicht, die negative Ladung und die geringe Stabilität von nackter Plasmid-DNA erschweren deren Aufnahme in die Zelle. Zudem führt die negative Ladung der Zelloberfläche zu einer elektrostatischen Abstoßung der Plasmid-DNA (PATIL et al. 2005). Die genauen Mechanismen, einschließlich der beteiligten Rezeptoren, die der Aufnahme der Plasmid-DNA in die Zelle zu Grunde liegen, sind noch weitestgehend unbekannt (TAKAGI et al. 1998; SATKAUSKAS et al. 2001; NISHIKAWA et al. 2005a). BUDKER et al. (2000) stellten die Hypothese auf, dass es für nackte Plasmid-DNA einen aktiven rezeptorvermittelten Aufnahmemechanismus in die Parenchymzelle gibt. Untersuchungen von SATKAUSKAS et al. (2001) bekräftigen die Hypothese der rezeptorvermittelten Endozytose zur Aufnahme von Plasmid-DNA in die Zelle. Nach

VAUGHAN et al. (2006) wird Plasmid-DNA entweder über einen aktiven Transport oder über Diffusion in Zellen aufgenommen. Andere Autoren vermuten, dass der physikalische Stress einer direkten Injektion ins Gewebe die Zellwand für nackte Plasmid-DNA durchlässiger macht (VILE u. HART 1993). In der Zielzelle muss die Plasmid-DNA, wenn sie durch Endozytose aufgenommen wurde, aus dem Endosom austreten und ins Zytoplasma gelangen (LECHARDEUR et al. 1999; NISHIKAWA u. HUANG 2001; WOLFF u. BUDKER 2005; LECHARDEUR u. LUKACS 2006). Die Plasmid-DNA wird in den Endosomen in hohem Maße zurückgehalten und von Nukleasen abgebaut (NISHIKAWA u. HUANG 2001; LECHARDEUR u. LUKACS 2002; PATIL et al. 2005). Dies begrenzt ihren Transport ins Zytoplasma (NISHIKAWA u. HUANG 2001). Im Zytosol wird die Plasmid-DNA rasch durch Nukleasen abgebaut (LECHARDEUR et al. 1999; POLLARD et al. 2001; PATIL et al. 2005; LECHARDEUR u. LUKACS 2006). Ein Teil geht entweder während der Zellteilung verloren oder wird mittels Exozytose aus der Zelle ausgeschleust (LECHARDEUR et al. 1999). PATIL et al. (2005) injizierten nackte Plasmid-DNA in das Zytoplasma lebender Zellen. Nur 50 % der verabreichten Kopien verblieben bis zwei Stunden post injectionem im Zytoplasma. Vierundzwanzig Stunden nach der Injektion war keine Plasmid-DNA mehr nachweisbar. Weiterhin konnten nach der Injektion von nackter Plasmid-DNA in das Zytoplasma keine Plasmide im Zellkern festgestellt werden. Diese Beobachtung unterstützt den Verdacht, dass weniger als ein Tausendstel der verabreichten DNA-Kopien den Nukleus erreichen (DOWTY et al. 1995; POLLARD et al. 2001). Um dieselbe Expressionshöhe zu erhalten, mussten LUDTKE et al. (2002) bei der intrazytoplasmatischen Injektion im Vergleich zur intranukleären Injektion eine 50 bis 250-fach höhere Konzentration an Plasmid-DNA injizieren. Innerhalb des Zytoplasmas wandert die Plasmid-DNA am Zytoskelett der Zelle entlang zum Nukleus (VAUGHAN et al. 2006). Plasmid-DNA wird entweder mittels eines aktiven Transportes über den Kernporenkomplex in den Zellkern geschleust (SHAPIRO LEDLEY u. LEDLEY 1998; LECHARDEUR u. LUKACS 2006) oder gelangt während der Mitose in den Nukleus (LUO u. SALTZMAN 2000; BROWN et al. 2001; LUDTKE et al. 2002; LECHARDEUR u. LUKACS 2006).

Plasmid-DNA kann auch ohne Energieverbrauch langsam durch die Kernporen in den Nukleus eintreten (LUO u. SALTZMAN 2000; BROWN et al. 2001; WOLFF u. BUDKER 2005). Das Transgen eines Plasmids integriert sich nicht in das Genom der Wirtszelle (SHAPIRO LEDLEY u. LEDLEY 1998; KAMIYA et al. 2001; NISHIKAWA u. HASHIDA 2002; CONWELL u. HUANG 2005). Aus diesem Grund findet nach dem Eintritt des Vektors in den Nukleus nur eine vorübergehende Transkription und Genexpression statt (SHAPIRO LEDLEY u. LEDLEY 1998; KAMIYA et al. 2001). Die Transkriptionsaktivität von Plasmid-DNA ist abhängig von deren Form (NISHIKAWA et al. 2005a). Im Zellkern ist nackte Plasmid-DNA relativ stabil (LECHARDEUR u. LUKACS 2006). Nach der Verabreichung von nackter komplementärer DNA in den Nukleus konnten POLLARD et al. (2001) 24 Stunden post injectionem keine Abnahme des cDNA-Gehaltes im Zellkern beobachten. Die Kopienzahlen der Plasmid-DNA vermindern sich exponentiell mit jedem Zyklus der Zellteilung (LI u. MA 2001; GLOVER et al. 2005). Eine lang anhaltende Genexpression von nackter Plasmid-DNA wird in Muskelzellen und Hepatozyten beobachtet, die nie beziehungsweise nur selten eine Zellteilung durchlaufen (HERWEIJER et al. 2001). Des Weiteren begrenzt die Lebenserwartung der Zelle die Fortdauer der Expression (NISHIKAWA u. HASHIDA 2002). Plasmid-DNA-Vektoren replizieren sich nicht *in vivo* (WOLFF et al. 1992). Die Genexpression endet mit der Elimination des Transgens aus der Zelle (SHAPIRO LEDLEY u. LEDLEY 1998).

2.8.3 Elimination von Plasmid-DNA

Die Elimination von Arzneimitteln erfolgt durch deren Metabolisierung und Exkretion (EICHELBAUM u. SCHWAB 2005). Nach dem Eintritt in den Körper wird die Plasmid-DNA im Blut und im Gewebe schnell von Nukleasen abgebaut (GOSSE et al. 1965; EMLEN et al. 1988; TAKAKURA et al. 2001; NISHIKAWA et al. 2005a; PATIL et al. 2005; LIU et al. 2007). Aus diesem Grund ist das Ausmaß des Abbaus der Plasmid-DNA abhängig von der Art und der Anzahl der Nukleasen in der Körperregion, in welcher sich die Plasmid-DNA verteilt (NISHIKAWA et al. 2005a). Daneben leisten auch Makrophagen und dendritische Zellen einen großen Beitrag zur Aufnahme und zum Abbau von Plasmid-DNA *in vivo* (YOSHINAGA et al. 2002;

NISHIKAWA et al. 2005a). Nackte Plasmid-DNA wird infolge der beträchtlichen Aufnahme durch die Leber schnell aus dem Blutkreislauf eliminiert (EMLEN u. MANNIK 1978; KAWABATA et al. 1995; MAHATO et al. 1995; OSAKA et al. 1996; HOUK et al. 2001; KOBAYASHI et al. 2001; TAKAKURA et al. 2001; HISAZUMI et al. 2004; NISHIKAWA et al. 2005a; LIU et al. 2007). In der Zellkultur zeigen aus der Ratte isolierte Lebersinusoid-Endothelzellen eine erhebliche Aufnahme und Zerlegung von Plasmid-DNA (NISHIKAWA et al. 2005a). Die Lebersinusoid-Endothelzellen (KOBAYASHI et al. 2001; YAMASAKI et al. 2002; YAMASAKI et al. 2003; HISAZUMI et al. 2004) und die Kupfferzellen der Leber leisten den größten Beitrag zur Aufnahme und zum Abbau von Plasmid-DNA *in vivo* (TAKAKURA et al. 2001; NISHIKAWA et al. 2005a). In der Leber wurde eine transgene Expression ausschließlich in den Hepatozyten beobachtet. Das lässt vermuten, dass die Plasmid-DNA nicht in den Nukleus von Lebersinusoid-Endothelzellen oder Kupfferzellen eindringt (WOLFF u. BUDKER 2005). Für die Aufnahme von Plasmid-DNA in die Nicht-Parenchymzellen der Leber sind höchstwahrscheinlich Scavenger-Rezeptoren verantwortlich (KAWABATA et al. 1995; YOSHIDA et al. 1996; BUDKER et al. 2000; OH et al. 2001; TAKAKURA et al. 2001; YOSHINAGA et al. 2002). Diese Rezeptoren erkennen Polyanionen an ihrer Ladung und an ihrer Struktur (TERPSTRA et al. 2000). Die Ergebnisse anderer Untersuchungen deuten darauf hin, dass die Aufnahme von Plasmid-DNA von Rezeptoren vermittelt wird, die den Scavenger-Rezeptoren ähneln (NAKAMURA et al. 1998; TAKAGI et al. 1998; KOBAYASHI et al. 2001).

2.8.4 Elimination und Expression von Plasmid-DNA nach i.v. Injektion

ZHANG et al. (1999) stellten nach der Injektion von nackter Plasmid-DNA in die Schwanzvene von Mäusen eine hohe Exprimierung des kodierten Proteins in Hepatozyten fest. Die Expressionshöhe fiel innerhalb von sieben Tagen auf ein niedriges Niveau ab. In einer Studie zur Pharmakokinetik nackter Plasmid-DNA von OH et al. (2001) bekamen Mäuse intravenös nackte Plasmid-DNA verabreicht. Es konnte ein rasches Verschwinden der Plasmid-DNA aus dem Serum beobachtet werden. Fünfzehn Minuten nach der intravenösen Injektion konnte die nackte

Plasmid-DNA vor allem in der Leber wieder gefunden werden. HOUK et al. (2001) beschrieben die Plasmaclearance von der supercoiled Form, der offenen zirkulären Form und der linearen Form von Plasmid-DNA nach intravenöser Injektion in Ratten. Die supercoiled Form der Plasmid-DNA wird schnell degradiert. Die offene zirkuläre Form und die lineare Form der Plasmid-DNA konnten noch 20 Minuten nach der Verabreichung im Blut registriert werden. Die Inkubation von Plasmid-DNA mit Mäusevollblut resultiert in deren Abbau mit einer Halbwertszeit von zehn Minuten. Die supercoiled Plasmid-DNA wurde nach fünf Minuten vollständig in die offene zirkuläre und in die lineare Form zerlegt. Daraufhin erfolgte die weitere Aufspaltung in kleinere Moleküle (KAWABATA et al. 1995). Nach der intravenösen Injektion von radioaktiv markierter Plasmid-DNA in Mäuse wurde ein noch schnellerer Abbau beobachtet (KAWABATA et al. 1995; KOBAYASHI et al. 2001). Fünf Minuten nach der Injektion fanden KAWABATA et al. (1995) 70 % der applizierten Dosis in der Leber wieder. Von diesem Zeitpunkt an sank die in der Leber akkumulierte Radioaktivität, vermutlich infolge der ins Blut entlassenen Abbauprodukte, stetig ab. Zeitgleich konnte ein Anstieg der Radioaktivität in den Nieren und im Urin beobachtet werden. Dies zeigt, dass abgebaute Plasmid-DNA über die Nieren ausgeschieden wird (KAWABATA et al. 1995; KOBAYASHI et al. 2001). Nicht abgebaute Plasmid-DNA ist zu groß, um durch die Nieren aus dem Blut herausgefiltert zu werden (NISHIKAWA et al. 2005b).

2.8.5 Elimination und Expression von Plasmid-DNA in Tumoren

2.8.5.1 Übersicht

Die direkte Injektion von nackter Plasmid-DNA in das Gewebe von Tumoren ist eine wirkungsvolle, reproduzierbare und einfache Technik für den intratumoralen Gentransfer in der Tumorgentherapie (NOMURA et al. 1997; NISHIKAWA u. HASHIDA 1999; KAWASE et al. 2003). Dieser Verabreichungsweg ermöglicht es, vaskuläre und interstitielle Schranken bei der Zuführung von Antitumortherapeutika zu umgehen und gezielt auf Tumorzellen einzuwirken (NISHIKAWA u. HASHIDA

1999). Es liegen nur wenige Informationen über die Verteilungseigenschaften von intratumoral injizierten Arzneimitteln vor (SAIKAWA et al. 1996). Für eine optimale Gentherapie gegen Tumorerkrankungen werden Informationen über die Pharmakokinetik innerhalb des Tumorgewebes benötigt. Zudem ermöglicht die Untersuchung der intratumoralen Pharmakokinetik von Plasmid-DNA die Entwicklung von Dosierungsprotokollen. Pharmakokinetikstudien an Tumoren zeigten, dass das Schicksal von Vektoren innerhalb eines Tumors zum einen von den chemischen Merkmalen des Vektors und zum anderen von den anatomischen und den physiologischen Eigenschaften des Tumorgewebes bestimmt werden (NISHIKAWA u. HASHIDA 1999).

2.8.5.2 Anatomische und physiologische Eigenschaften von Tumoren

Die Blutversorgung von Tumorgewebe ist zeitlich und räumlich sehr unterschiedlich (JAIN 1989; NISHIKAWA u. HASHIDA 1999; TAKAKURA et al. 2001). Blutgefäße in Tumoren sind durchlässiger als andere Blutgefäße (KUSEWITT u. RUSH 2007). Zudem sinkt das Gefäßvolumen bei steigender Tumorgröße (SONG u. LEVITT 1971; OHKOUCHI et al. 1990). Das Zentrum großer Tumoren ist für gewöhnlich schlecht durchblutet und enthält nekrotische Bereiche (BOUCHER et al. 1990; NISHIKAWA u. HASHIDA 1999). Ein in das Zentrum eines großen Tumors verabreichtes Arzneimittel verteilt sich nur langsam in gut durchblutete Regionen. Das Zentrum kleiner Tumoren ist vergleichsweise gut durchblutet und intratumoral verabreichte Arzneimittel erscheinen kurze Zeit später im venösen Abfluss (BOUCHER et al. 1990). Große Tumoren besitzen einen höheren interstitiellen Druck als kleine Tumoren (SAIKAWA et al. 1996). Daneben ist der interstitielle Druck im Tumorzentrum am höchsten und nimmt zur Peripherie hin ab (JAIN 1989; BOUCHER et al. 1990). Ein erhöhter interstitieller Druck führt zu einer verminderten Durchblutung sowie zu einer unzureichenden Verteilung von Therapeutika im Tumor (JAIN 1989; BOUCHER et al. 1990; TAKAKURA u. HASHIDA 1996). Auf der Oberfläche von Tumoren tritt kontinuierlich Flüssigkeit hervor (BUTLER et al. 1975). Dieser Flüssigkeitsausstrom ist bei jedem Tumor verschieden und steht in keiner Beziehung zur Tumorgröße (SAIKAWA et al. 1996).

2.8.5.3 Elimination von Plasmid-DNA in Tumoren

Intratumoral verabreichte Therapeutika verteilen sich im Tumorgewebe. Anteile, die das Blutgefäßsystem erreichen, werden vom Blutfluss abtransportiert und gelangen in den Blutkreislauf (NISHIKAWA u. HASHIDA 1999; KAWASE et al. 2003).

SAIKAWA et al. (1996) verwendeten ein gewebeisoliertes Tumorperfusionssystem, um die pharmakokinetischen Eigenschaften von intratumoral verabreichten Verbindungen zu erforschen. Versuche an diesem Tumorperfusionssystem zeigten, dass in kleine Tumoren intratumoral verabreichte Arzneimittel sofort im venösen Abfluss erscheinen und sich zwei Stunden nach der Injektion nur noch eine geringe Menge im Tumor befindet. Im venösen Abfluss größerer Tumoren wurden kurz nach der Injektion geringere Maximalkonzentrationen festgestellt. Außerdem blieb eine größere Menge des verabreichten Arzneimittels im Tumor zurück.

In einer weiteren Studie unter Verwendung des Tumorperfusionssystems stellten NOMURA et al. (1997) fest, dass bereits zwei Minuten nach der intratumoralen Injektion von nackter Plasmid-DNA 10 % der verabreichten Menge aus dem Tumor ausgeschieden war. Zwei Stunden nach der Injektion konnten nur noch 50 % der verabreichten Dosis im Tumorgewebe festgestellt werden, 40 % der Dosis befanden sich im venösen Abfluss. Der Verlust an Plasmid-DNA über die Tumoroberfläche betrug 10 %.

KAWASE et al. (2003) untersuchten die Verteilung von nackter Plasmid-DNA nach der Injektion in Tumoren bei Mäusen. Die Elimination von der Injektionsstelle erfolgte relativ rasch. Bereits drei Stunden post injectionem waren annähernd 70 % der Injektionsdosis von der Injektionsstelle verschwunden. Die Plasmid-DNA akkumulierte vor allem in der Leber, in den Nieren und in der Milz. Ein kleiner Teil wurde vom Lymphsystem absorbiert und in den regionären Lymphknoten wieder gefunden. Die Verteilung der Plasmid-DNA beschränkte sich auf die unmittelbare Umgebung um die Injektionsstelle. Weitere Untersuchungen zeigten, dass die Plasmid-DNA sofort nach der Injektion von den Tumorzellen aufgenommen wurde.

2.8.5.4 Expression von Plasmid-DNA in Tumoren

Die Injektion von nackter Plasmid-DNA in Tumoren bewirkt eine signifikante Genexpression (NOMURA et al. 1997). Zellen mit transgener Expression werden meist nur in der unmittelbaren Umgebung der Injektionsstelle gefunden (HICKMAN et al. 1994; O'HARA et al. 2001; NISHIKAWA u. HASHIDA 2002). Die Dauer der transgenen Expression in Tumorzellen ist abhängig vom Tumortyp. Tumorzellen, die häufig eine Zellteilung durchlaufen, verlieren schneller ihre Transgene (BUDRYK et al. 2000). VILE und HART (1993) injizierten für β-Galactosidase kodierende Plasmid-DNA in Melanome bei Mäusen. Zehn Tage nach der Injektion exprimierten 10 % der Melanomzellen und einige Melanozyten das kodierte Protein. Es konnte ein stetiges Ansteigen der β-Galactosidase Expression bis zum zehnten Tag beobachtet werden. In einer weiteren Studie wurde festgestellt, dass die mit der Plasmid-DNA transfektierten und genexprimierenden Zellen, insbesondere bei großen Tumoren, vorwiegend in der näheren Umgebung der Injektionsstelle zu beobachtet sind. In nekrotischem Gewebe konnte keine Genexpression festgestellt werden (NOMURA et al. 1997). SCHULTE et al. (1998) injizierten für Luziferase kodierende Plasmid-DNA in Melanome bei Fischen der Gattung Schwertträger (Xiphophorus). Die Expression stieg schrittweise bis zum sechsten Tag nach der Injektion auf einen hohen Betrag an. Die erlangte Expressionshöhe wurde bis zum zehnten Tag post injectionem aufrechterhalten. Zwei Tage nach der intratumoralen Injektion von IFN-γ kodierender Plasmid-DNA konnte in Tumoren bei Mäusen eine signifikante IFN-γ Produktion beobachtet werden. Die intratumorale Injektion von Luziferase kodierender Plasmid-DNA in Mäusetumoren resultierte in einer sieben Tage anhaltenden signifikanten Genexpression (NOMURA et al. 1999). Nach der Injektion nackter IL-12-Plasmid-DNA in Tumoren bei Mäusen konnte nach 48 Stunden ein Anstieg des IL-12 und IFN-γ-Gehaltes im Tumorgewebe festgestellt werden (MAHESHWARI et al. 2002). SHI et al. (2002) injizierten an den Tagen 1, 3 und 5 jeweils 50 µg nackte IL-12-Plasmid-DNA in bestehende intradermale Tumoren bei Mäusen und untersuchten von Tag 1 bis Tag 14 nach der letzten Injektion die Expression der Proteine IL-12 und IFN-γ im Tumorgewebe mittels ELISA. Die IL-12-Produktion erreichte drei Tage nach der letzten Injektion ihren Höhepunkt und blieb bis zum Tag 14 relativ stabil.

Daneben konnte zu allen Untersuchungszeitpunkten eine deutliche Zunahme der IFN-γ-Expression im Tumorgewebe beobachtet werden. KAWASE et al. (2003) untersuchten die Genexpression von nackter Plasmid-DNA nach der Injektion in Tumoren bei Mäusen. Die Expression des kodierten Proteins beschränkte sich auf die unmittelbare Umgebung um die Injektionsstelle. Die Expressionshöhe wies große Schwankungen zwischen den einzelnen Tumorpräparaten auf. In größeren Tumoren wurde, vermutlich aufgrund der zentralen Nekrosen, eine niedrigere Genexpression verzeichnet. ELZAOUK et al. (2006) injizierten mehrmalig für IL-12 kodierende Plasmid-DNA in Melanome bei Mäusen und untersuchten am Tag 16 mit Hilfe des ELISA die Gehalte an IL-12 und IFN-γ im Tumorgewebe. Der IFN-γ-Gehalt zeigte im Vergleich zur Kontrolle einen zweifachen Konzentrationsanstieg, wohingegen der IL-12-Gehalt sich auf einem niedrigen Konzentrationslevel bewegte.

3 Material und Methode

3.1 Pferde

In diese Untersuchung wurden neun Schimmel mit Melanomen einbezogen, welche im Untersuchungszeitraum in den Stallungen der Klinik für Pferde der Stiftung Tierärztliche Hochschule Hannover gehalten wurden. Darunter befanden sich vier Warmblutpferde, vier Vollblutpferde und ein Islandpferd. Das Alter der Pferde lag zwischen 8 und 28 Jahren (Median: 14 Jahre) und ihr Körpergewicht variierte zwischen 330 kg und 550 kg (Median: 468 kg). Es handelte sich um acht Stuten und einen Wallach. Die Tiere mussten, um in diese Studie aufgenommen werden zu können, einen guten Allgemeinzustand aufweisen und klinisch gesund sein.

3.2 Klinische Allgemeinuntersuchung

An jedem Tag, an dem Probenentnahmen erfolgten, wurde eine klinische Allgemeinuntersuchung durchgeführt. Sie umfasste jeweils die Beurteilung von Allgemeinverhalten und Körperhaltung, Vorhandensein von Nasenausfluss, Beurteilung von Maulschleimhautfarbe und kapillärer Rückfüllungszeit, Auslösbarkeit von Husten, Beurteilung der Mandibularlymphknoten sowie die Bestimmung von Puls- und Atemfrequenz. Zudem wurden die Lunge, das Herz und das Abdomen auskultiert. Die rektale Körpertemperatur wurde täglich kontrolliert.

3.3 Hämatologische und blutbiochemische Untersuchung

Vor Beginn der Studie wurden eine hämatologische und blutbiochemische Untersuchung sowie eine Elektrophorese der Serumproteine durchgeführt. Es wurden folgende Parameter bestimmt: Leukozytenzahl, Erythrozytenzahl, Hämoglobingehalt, Hämatokrit, Anzahl der eosinophilen Granulozyten, Anzahl der stabkernigen neutrophilen Granulozyten, Anzahl der segmentkernigen neutrophilen Granulozyten, Lymphozytenzahl, Monozytenzahl, Gesamteiweißgehalt, Harnstoffgehalt, Kreatiningehalt, Natriumgehalt, Kaliumgehalt, Kalziumgehalt,

Chloridgehalt, Glucosegehalt, Albumingehalt, α1-Globulin-Gehalt, α2-Globulin-Gehalt, β1-Globulin-Gehalt, β2-Globulin-Gehalt, γ-Globulin-Gehalt sowie die Aktivität der γ-Glutamyltransferase, der Aspartataminotransferase, der Kreatinkinase und der Laktatdehydrogenase.

3.4 Auswahl und Lokalisation der Tumoren

Gut abgegrenzte Tumoren mit einem Durchmesser von mindestens 1 cm (gemessen mit der Schublehre) wurden zur Untersuchung als geeignet betrachtet. Die Tumoren durften in den letzten drei Wochen keiner Behandlung unterzogen worden sein.

3.5 Plasmid-DNA kodierend für equines Interleukin-12

Das für equines Interleukin-12 kodierende Plasmid-DNA-Konstrukt pUSErIRESeIL-12 wurde von Dr. L. Nicolson (Universität Glasgow über Intervet International, Boxmeer, Niederlande) zur Verfügung gestellt und unter der Leitung von Dr. C. Juhls (Mologen AG, Berlin, Deutschland) kloniert und präpariert. Die bereitgestellte Plasmid-DNA wurde mit steriler, phosphatgepufferter Kochsalzlösung (PBS) auf 2,5 µg/µl verdünnt und in Aliquots zu 250 µg DNA bei -20 °C gelagert. Das Plasmid-DNA-Konstrukt pUSErIRESeIL-12, welches in der vorliegenden Studie von nun an als IL-12-Plasmid-DNA bezeichnet wird, trug ein Antibiotikaresistenz-Gen, einen CMV-Promotor, das equine p35-Gen, eine „Internal ribosome entry site" und das equine p40-Gen (Abb. 1). Das p35-Gen und das p40-Gen kodieren für die α-Kette (p35-Untereinheit) und die β-Kette (p40-Untereinheit) des Proteins Interleukin-12. Die Internal Ribosome Entry Site (IRES) ist eine DNA-Sequenz, welche in dem Plasmid-Ring zwischen der p35-DNA und der p40-DNA lokalisiert ist.

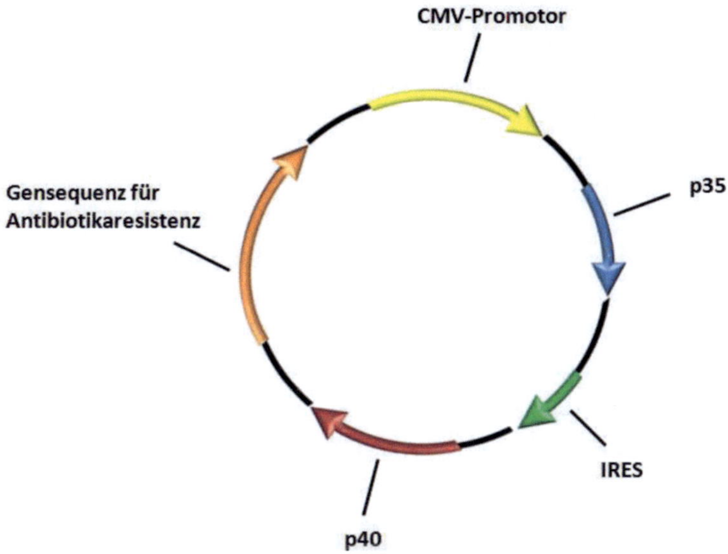

Abb. 1: Aufbau der IL-12-Plasmid-DNA.

3.6 Injektion der Plasmid-DNA und die Entnahme der Proben

Für die intratumorale Injektion der Plasmid-DNA und die Probenentnahmen wurden die Pferde intravenös mit 10 µg/kg Detomidin (Domosedan®, Pfizer, Karlsruhe, Deutschland) sediert.

3.6.1 Intratumorale Injektion der Plasmid-DNA

Die einmalige intratumorale Injektion wurde mit einer pyrogenfreien 25G-Einwegkanüle und einer pyrogenfreien 1 ml Einmalspritze (B. Braun Melsungen AG, Melsungen, Deutschland) durchgeführt. Die aliquotierte DNA-Dosis wurde unmittelbar vor Gebrauch bei Raumtemperatur aufgetaut. Es wurden jeweils 250 µg Plasmid-DNA in einen Tumor jedes Pferdes injiziert. Die Injektionstiefe richtete sich nach der Tumorgröße und betrug mindestens 7 mm und höchstens 15 mm. Bei größeren Tumoren erfolgte die Injektion in der Tumorperipherie.

3.6.2 Zeitpunkte der Probenentnahmen

Die erste Probenentnahme von Tumorgewebe und Blut (Nullprobe) erfolgte zehn Minuten vor der einmaligen intratumoralen Applikation der Plasmid-DNA. Die weiteren Probenentnahmen erfolgten 10 min, 30 min, 2 h, 4 h, 12 h, 24 h, 36 h, 60 h, 5 d, 7 d, 9 d und 14 d nach der Applikation.

3.6.3 Entnahme der Blutproben und der Tumormikrobiopsien

Die Entnahme der Blutproben erfolgte stets vor der Entnahme der Tumorgewebeproben. Bis einschließlich zur sechsten Probenentnahme wurde das Blut über einen Venenverweilkatheter nach vorherigem Verwerfen von mindestens 5 ml Blut aus der linken Jugularvene gewonnen, danach erfolgte die Blutentnahme über die Punktion der linken Jugularvene. Das entnommene Blut wurde in vier EDTA-Mikroprobengefäße für Blutproben (Sarstedt, Nümbrecht, Deutschland) mit einem Füllvolumen von 1,3 ml überführt. Die Entnahme der Mikrobiopsien aus den Tumoren erfolgte an der Injektionsstelle der Plasmid-DNA unter Verwendung einer Biopsienadel mit Gewinde (Rotex Screw Needle Biopsie Instrument, Ursus Medical AB, Stockholm, Schweden). Zur Entnahme der Gewebeproben wurde die Biopsienadel an der Injektionsstelle 1-2 mm weniger tief in das Tumorgewebe eingeführt als die Kanüle bei der intratumoralen Injektion der Plasmid-DNA. Die Injektionsstelle der Plasmid-DNA war auf der Tumoroberfläche immer sehr gut wieder zu erkennen. Als nächstes wurde das innen liegende Gewinde der Biopsienadel im Uhrzeigersinn gedreht, in das Tumorgewebe eingeführt und anschließend die Kanüle darüber geschoben. Jede gewonnene Gewebeprobe wurde nach der Entnahme in ein pyrogenfreies 1,5 ml Eppendorf Biopur Reaktionsgefäß (Eppendorf AG, Wesseling, Deutschland) verbracht. Zu jedem Probenentnahmezeitpunkt wurden vier Mikrobiopsien entnommen. Die Tumorgewebe- und Blutproben wurden sofort nach der Entnahme in flüssigem Stickstoff schockgefroren und danach bei -80 °C bis zur Analyse gelagert.

3.7 Molekularbiologische Untersuchungen

Nach Abschluss der Probenentnahmen wurden alle Proben im Zentrum für Klinische Studien der Vetsuisse-Fakultät der Universität Zürich aufbereitet und in einem Arbeitsgang untersucht. Es erfolgte eine Isolation der gesamten DNA aus den Blutproben der Pferde 1 bis 7 und eine Isolation der DNA aus den Tumorgewebeproben der Pferde 8 und 9. Des Weiteren wurde die RNA aus den Tumorgewebeproben der Pferde 1 bis 7 isoliert und dann in cDNA transkribiert. In der sich anschließenden Real-Time PCR wurden die Gehalte an IRESp40-DNA und an p40-DNA in den Blutproben der Pferde 1 bis 7 und in den Tumorgewebeproben der Pferde 8 und 9 quantifiziert. Daneben wurde in den Tumorgewebeproben der Pferde 1 bis 7 die Gehalte an IRESp40-cDNA und IFN-γ-cDNA bestimmt. Die RNA wurde in cDNA umgeschrieben, weil für die Durchführung der Real-Time PCR DNA benötigt wird.

3.7.1 Isolation und Transkription

Bei der Isolation der DNA aus dem Blut und dem Tumorgewebe wurde die gesamte DNA der jeweiligen Probe isoliert. Das heißt die IL-12-Plasmid-DNA und deren Bruchstücke wurden genauso wie alle anderen DNA-Moleküle isoliert. Ebenso wurde bei der Isolation und Transkription der RNA die gesamte in den Tumorgewebeproben enthaltende RNA isoliert und in cDNA umgeschrieben.

3.7.1.1 Isolation der DNA aus den Blutproben

Aus den Blutproben von den Pferden 1 bis 7 wurde mittels des QIAamp DNA Blood Midi Kit (Qiagen, Basel, Schweiz) gemäß der Anleitung des Herstellers DNA gewonnen. Im ersten Schritt wurden 100 µl QIAGEN Protease (Proteinase K) sowie 1 ml Blut in ein Röhrchen pipettiert. Auf die Zugabe von 1,2 ml AL-Puffer folgte eine gründliche Durchmischung sowie eine zehnminütige Inkubation bei 70 °C. Als nächstes wurde 1 ml Ethanol (96 %) zugegeben. Anschließend wurde die Lösung auf die QIAamp Midi Säule aufgebracht und für 3 Minuten bei 3000 U/min zentrifugiert. Im nächsten Schritt wurden 2 ml AW1-Puffer auf die QIAamp Midi Säule aufgetragen und bei 5000 U/min für 1 Minute zentrifugiert. Danach wurden 2 ml AW2-Puffer auf die QIAamp Midi Säule aufgebracht und bei 5000 U/min für 15 Minuten zentrifugiert. Als nächstes wurden 200 µl AE-Puffer direkt auf die Membran der QIAamp Midi Säule aufgetragen und bei Raumtemperatur für 5 Minuten inkubiert. Darauf erfolgte eine zweiminütige Zentrifugation bei 5000 U/min. Abschließend wurde 200 µl AE-Puffer auf die Membran der QIAamp Midi Säule aufgebracht und für 5 Minuten bei Raumtemperatur inkubiert und dann bei 5000 U/min für 2 Minuten zentrifugiert. Für die anschließende Real-Time PCR wurde die DNA mit sterilem, pyrogenfreiem Wasser im Verhältnis 1:10 verdünnt.

3.7.1.2 Isolation der mRNA aus den Tumormikrobiopsien

Aus den Tumormikrobiopsieproben der Pferde 1 bis 7 wurde gemäß der Anleitung des Herstellers mRNA (RNeasy Micro Kit, Qiagen, Basel, Schweiz) isoliert. Zunächst wurde das gefrorene Gewebe in einem Gemisch aus RLT-Puffer und β-Mercaptoethanol unter Verwendung einer Laborschwingmühle zerkleinert und homogenisiert. Dann wurde das Zelllysat bei Höchstgeschwindigkeit für drei Minuten zentrifugiert. Der Überstand wurde mittels einer Pipette in ein neues Röhrchen überführt. Dieses homogenisierte Lysat bekam 350 µl Ethanol (70 %) zugesetzt. Im nächsten Schritt wurde das gesamte Lysat-Ethanol-Gemisch auf die RNeasy MinElute Spin Säule aufgetragen und für 15 Sekunden bei 8000 U/min zentrifugiert. Um die Membran zu waschen wurden hiernach 350 µl RW1-Puffer auf die RNeasy MinElute Spin Säule aufgebracht und für 15 Sekunden bei 8000 U/min zentrifugiert. Im weiteren Verlauf wurde ein Gemisch aus 10 µl DNase 1 Stammlösung und 70 µl RDD-Puffer direkt auf die RNeasy MinElute Silicia-Gel-Membran aufgetragen und bei Raumtemperatur für 15 Minuten inkubiert. Danach wurden 350 µl RW1-Puffer auf die Säule aufgebracht und für 15 Sekunden bei 8000 U/min zentrifugiert. Um die Membran zu waschen, wurden anschließend 500 µl RPE-Puffer auf die RNeasy MinElute Spin Säule aufgetragen und für 15 Sekunden eine Zentrifugation bei 8000 U/min durchgeführt. Um die Silicia-Gel-Membran zu trocknen, wurden 500 µl Ethanol (80 %) auf die RNeasy MinElute Spin Säule aufgebracht und für zwei Minuten bei 8000 U/min zentrifugiert. Im nächsten Schritt wurde der Deckel der Säule geöffnet und eine fünfminütige Zentrifugation bei maximaler Geschwindigkeit durchgeführt.

Zum eluieren der RNA wurde die Säule in ein neues Röhrchen überführt und 14 µl RNase-freies Wasser direkt auf die Silicia-Gel-Membran pipettiert und bei maximaler Geschwindigkeit für eine Minute zentrifugiert.

3.7.1.3 Reverse Transkription der mRNA in cDNA

Die gewonnene mRNA wurde mittels reverser Transkription (QuantiTect Reverse Transcription Kit) gemäß der Anleitung des Herstellers (Qiagen, Basel, Schweiz) in komplementäre DNA (cDNA) umgeschrieben. Zunächst wurde der genomische (g)DNA Wipeout-Puffer, die Quantiscript Reverse Transcriptase, der Quantiscript RT-Puffer, der RT Primer Mix und das RNase-freie Wasser bei Raumtemperatur aufgetaut und auf Eis gelagert. Hiernach erfolgte der Ansatz der genomischen DNA-Elimination-Reaktion bestehend aus dem gDNA Wipeout-Puffer, der im Eis aufgetauten Template-RNA und RNase-freiem Wasser. Anschließend wurde der Reaktionsansatz für 2 Minuten bei 42 °C inkubiert und danach sofort auf Eis gelagert. Daneben wurde der Reverse-Transkription Master Mix bestehend aus der Quantiscript Reverse Transkriptase, dem Quantiscript RT-Puffer und dem RT Primer Mix ebenfalls auf Eis angefertigt und gelagert. Im Anschluss daran erfolgte die Zugabe der Template-RNA zum Reverse-Transkription Master Mix. Dieser Reaktionsansatz wurde zunächst für 15 Minuten bei 42 °C und anschließend für 3 Minuten bei 95 °C inkubiert.

3.7.1.4 Isolation der DNA aus den Tumormikrobiopsien

Aus den Tumormikrobiopsien der Pferde 8 und 9 wurde gemäß der Anleitung des Herstellers DNA isoliert (QIAamp DNA Micro Kit, Qiagen, Basel, Schweiz). Im ersten Schritt wurden den Proben 180 µl ATL-Puffer und 20 µl Proteinase K zugegeben. Anschließend wurden die Proben für 15 Sekunden unter Zuhilfenahme eines Vortexer gemischt und über Nacht in einem auf 56 °C erhitzten Inkubator lysiert. Am nächsten Tag wurden dem Lysat 200 µl AL-Puffer sowie 200 µl Ethanol (96 %) zugesetzt. Nach jedem Pipettierschritt wurden die Proben für 15 Sekunden mit dem Vortexer gemischt. Darauf folgte eine fünfminütige Inkubation bei Raumtemperatur. Als nächstes wurde das Lysat auf die QIAamp MinElute Säule aufgebracht und bei

8000 U/min für 1 Minute zentrifugiert. Hiernach wurden 500 µl AW1-Puffer sowie 500 µl AW2-Puffer auf die QIAamp MinElute Säule aufgebracht. Nach jedem Pipettierschritt erfolgte eine einminütige Zentrifugation bei 8000 U/min. Um die Membran der QIAamp MinElute Säule vollständig zu trocknen, wurde im weiteren Verlauf eine dreiminütige Zentrifugation bei 14000 U/min durchgeführt. Dann wurde die Säule in ein neues Röhrchen überführt und 70 µl destilliertes Wasser mittig auf die Membran aufgebracht. Abschließend erfolgte eine fünfminütige Inkubation bei Raumtemperatur und eine einminütige Zentrifugation bei 14000 U/min. Für die anschließende Real-Time PCR wurde die DNA der Tumormikrobiopsien vom Untersuchungszeitpunkt zwei bis sechs aufgrund eines erwarteten hohen DNA-Gehaltes 1:1000 mit sterilem, pyrogenfreiem Wasser verdünnt. Die DNA der Tumormikrobiopsien von den Untersuchungszeitpunkten sieben bis zehn wurde 1:100 mit sterilem, pyrogenfreiem Wasser verdünnt.

3.7.2 Durchführung der Real-Time PCR

In der vorliegenden Untersuchung wurden unter Verwendung der Real-Time PCR (ABI 7500 Fast Real-Time PCR System, Applied Biosystems, Applera Europe B.V. Rotkreuz, Schweiz) die Gehalte an IRESp40-DNA und p40-DNA im Blut und im Tumorgewebe sowie die Gehalte an IRESp40-cDNA, Interferon-γ-cDNA und GAPDH-cDNA im Tumorgewebe quantifiziert.

Die geeigneten Primer- und Sondensequenzen für den Nachweis der IRESp40-DNA, der p40-DNA, der IRESp40-cDNA, der Interferon-γ-cDNA und der GAPDH-cDNA wurden mit Hilfe der Primer Express ™ Software (Version 2, Applied Biosystems, Rotkreuz, Schweiz) ausgewählt und von der Firma Microsynth GmbH (Balgach, Schweiz) bezogen. Die genspezifischen Sonden waren am 5´-Ende mit einem fluoreszierenden Reporterfarbstoff markiert. Die verwendeten Primer- und Sondensequenzen sind im Anhang abgebildet.

Die Quantifizierungen der IRESp40-DNA, der p40-DNA, der IRESp40-cDNA, die Interferon-γ-cDNA und der GAPDH-cDNA mittels Real-Time PCR wurden stets nach folgendem Protokoll durchgeführt. Die PCR-Amplifikation erfolgte in einem Reaktionsvolumen von 25 µl und beinhaltete 12,5 µl des qPCR Master Mix Plus Low

Rox (Eurogentec, Seraing, Belgien) sowie 5 µl der gewonnen Menge an DNA oder cDNA respektive ihrer Verdünnung sowie 7,5 µl an Primern und Sonden. Der Mastermix setzte sich aus Reaktionspuffer, dNTPs, HotGoldStar DNA Polymerase, Magnesiumchlorid und unterschiedlichen Mengen an Primern und Sonden zusammen. Parallel wurde bei allen Messungen pyrogenfreies Wasser als Negativkontrolle mitgeführt. Zudem wurden alle PCR-Reaktionen als Duplikate durchgeführt. Die Real-Time PCR fand unter folgenden Bedingungen statt: Zunächst wurden die Reaktionsansätze zwei Minuten auf 50 °C erhitzt. Darauf folgte ein zehnminütiger Denaturierungsschritt bei 95 °C. Anschließend fanden 45 Zyklen für 15 Sekunden bei 95 °C statt, jeweils gefolgt von einem einminütigen Annealing-Schritt bei 60 °C. Der Fluoreszenz-Schwellenwertzyklus (Ct-Wert) wurde mittels der ABI 7500 Fast Real-Time PCR System Software bestimmt.

3.7.2.1 Absolute Quantifikation der IRESp40-DNA und der p40-DNA im Blut und im Tumorgewebe

Bei den Pferden 1 bis 7 wurde der Gehalt an IRESp40-DNA und p40-DNA im Blut und bei den Pferden 8 und 9 der Gehalt an IRESp40-DNA und p40-DNA im Tumorgewebe bestimmt. Zum Nachweis der IRESp40-DNA und der p40-DNA im Blut und im Tumorgewebe wurden die mit der Primer Express ™ Software (Version 2, Applied Biosystems, Rotkreuz, Schweiz) ausgewählten Primerpaare und Sonden verwendet. Die verwendeten Primer- und Sondensequenzen sind im Anhang aufgeführt. Zur Messung der Konzentration des IL-12-Plasmid-DNA-Gehaltes im Blut und im Tumorgewebe wurde nicht die gesamte DNA des Plasmid-Ringes quantifiziert, sondern nur Anteile der DNA-Sequenzen des Plasmid-Rings. Diese Anteile waren zum einen die DNA-Sequenz IRESp40 und zum anderen die DNA-Sequenz p40. Die DNA-Sequenz p40 kodiert für die Untereinheit p40 des Proteins Interleukin-12. Die IRES-p40-DNA-Gehalte im Blut wurden bestimmt, um zu überprüfen, wie lange und in welchen Konzentrationen die IL-12-Plasmid-DNA im Blut nachweisbar ist. Die IRESp40-DNA-Gehalte im Tumorgewebe wurden bestimmt, um zu überprüfen, wie lange und in welchen Konzentrationen die IL-12-Plasmid-DNA im Tumorgewebe nachweisbar ist. Die p40-DNA wurde quantifiziert um zu

überprüfen wie groß der mengenmäßige Unterschied zwischen der körperfremden IRESp40-DNA und der körperfremden als auch körpereigenen p40-DNA ist.
Die Konzentrationen der IRESp40-DNA und der p40-DNA im Blut und im Tumorgewebe wurden mit Hilfe der absoluten Quantifikation unter Verwendung einer Standardkurve bestimmt. In dieser Untersuchung wurde zur Erstellung der Standardkurve eine logarithmische Verdünnungsreihe eines Standards mit bekannter Startkopienanzahl unter identischen Bedingungen wie die Proben amplifiziert. Als Standard wurde die eingesetzte IL-12-Plasmid-DNA genutzt. Die resultierenden Ct-Werte der Standardverdünnungen wurden gegen den dekadischen Logarithmus der bekannten Startkopienzahlen aufgetragen und eine Standardkurve erstellt. Unter Verwendung der absoluten Quantifizierung mittels Standardkurve konnten die absoluten Konzentrationen der IRESp40-DNA und der p40-DNA in den Blut- und in Tumorgewebeproben ermittelt werden.

3.7.2.2 Relative Quantifikation der cDNA kodierend für IRESp40-mRNA und IFN-γ-mRNA im Tumorgewebe

Bei der Isolation und Transkription der RNA wurde jegliche RNA aus den Proben isoliert und in cDNA umgeschrieben. Das heißt, es wurde auch die gesuchte IRESp40-mRNA, die IFN-γ-mRNA und die GAPDH-mRNA in cDNA umgeschrieben. Diese Transkription in cDNA musste erfolgen, um die Real-Time PCR durchführen zu können. Bei dieser Untersuchung wurden durch die Quantifizierung der cDNA, welche für die IRESp40-mRNA, die IFN-γ-mRNA und die GAPDH-mRNA kodiert, die Gehalte an IRESp40-mRNA und IFN-γ-mRNA in den Tumorgewebeproben bei den Pferden 1 bis 7 bestimmt. Zum besseren Verständnis wird im nachfolgenden Text von IRESp40-mRNA und von IFN-γ-mRNA und nicht von IRESp40-cDNA und IFN-γ-cDNA gesprochen.
Interferon-γ ist ein nachgeschalteter Botenstoff von Interleukin-12 und besitzt ebenfalls eine antitumorale Wirkung (TANNENBAUM et al. 1996). Die IFN-γ-mRNA ist ein Produkt, welches im Rahmen der Synthese des Proteins Interferon-γ gebildet wird. In der vorliegenden Untersuchung wurde die Menge an exprimierter IFN-γ-mRNA quantifiziert, um zu überprüfen, ob es durch die IL-12-Plasmid-DNA und die

dadurch erwartete Interleukin-12-Bildung zu einer gesteigerten Synthese der IFN-γ-mRNA kommt.

Um die Höhe der intratumoralen Expression der IRESp40-mRNA und der intratumoralen Interferon-γ-mRNA in der vorliegenden Untersuchung zu bestimmen, wurde ihre Expression in Relation zur Expression der equinen GAPDH-mRNA („Housekeeping Gene") gesetzt und gemäß den Berechnungsbeispielen der Komparativen CT-Methode ermittelt (LIVAK u. SCHMITTGEN 2001).

Hierbei wird das ΔΔCT wie folgt berechnet:

$$\Delta\Delta CT = (CT_{Zielgen} - CT_{Referenzgen})_{Zeitpunkt\ x} - (CT_{Zielgen} - CT_{Referenzgen})_{Zeitpunkt\ 0}$$

Die Änderung der Expression des Zielgens wird als $2^{-\Delta\Delta CT}$ angegeben. Die nach dieser Formel ermittelten ΔΔCT-Werte geben die Differenz der Schwellenwert-Zyklenzahlen der IRESp40- und IFN-γ-mRNA-Amplifikatione zu den verschiedenen Probenentnahmezeitpunkten relativ zum Basiswert an. Die verwendeten Primer- und Sondensequenzen sind im Anhang aufgeführt.

3.8 Statistik

Zur übersichtlichen Darstellung der ermittelten Daten wurde eine deskriptive Statistik in Form von Punktdiagrammen und Box-Plots verwendet. Daneben wurden Daten, deren Wertebereiche viele Größenordnungen umfasste, zur besseren grafischen Darstellung logarithmiert.

4 Ergebnisse

4.1 Tumoren

Die behandelten Tumoren, aus welchen Mikrobiopsien entnommen wurden, befanden sich in der Perianalregion (n=5), an der Schweifrübenunterseite (n=2) sowie im Hals- und im Schulterbereich (n=2).

4.2 Klinische, hämatologische und blutbiochemische Untersuchung

Vor Versuchsbeginn zeigten die Pferde weder bei der allgemeinen klinischen Untersuchung noch bei der hämatologischen oder der blutbiochemischen Untersuchung Abweichungen von der Norm. Das Allgemeinbefinden war im Rahmen der Nachuntersuchungen zu jedem Probenentnahmezeitpunkt ungestört.

4.3 Eliminationskinetik von IL-12-Plasmid-DNA im Blut

4.3.1 Quantitativer Nachweis von IRESp40-DNA im Blut

Bei den gemessenen Konzentrationen trat eine erhebliche Variabilität zwischen den einzelnen Pferden auf. Aufgrund dessen wurden die Messwerte logarithmiert und mittels Boxplots grafisch dargestellt (Abb. 1). Zum ersten Probenentnahmezeitpunkt vor der einmaligen intratumoralen Injektion konnte keine IRESp40-DNA im Blut festgestellt werden. Die an IRESp40-DNA erreichten Maximalkonzentrationen im Blut bewegten sich bei den einzelnen Tieren zwischen 26410 und 1558650 Kopien/ml Blut (Abb. 2). Pferd 3 zeigte mit Abstand die höchste Maximalkonzentration im Blut (Abb. 3). Die maximale Konzentration wurde bei fünf Pferden zehn Minuten, bei Pferd 3 dreißig Minuten und bei Pferd 7 zwei Stunden post applicationem erreicht. Im folgenden Zeitraum stellte sich eine rasche Abnahme der IRESp40-DNA-Konzentration ein. Sechzig Stunden nach der Applikation war bei allen sieben Pferden die Nachweisgrenze unterschritten. Pferd 3 zeigte am siebten Tag, Pferd 2 am neunten Tag und Pferd 4 am vierzehnten Tag niedrige Gehalte von IRESp40-DNA im Blut. Die Einzelwerte werden in der Tabelle 1 im Anhang ersichtlich.

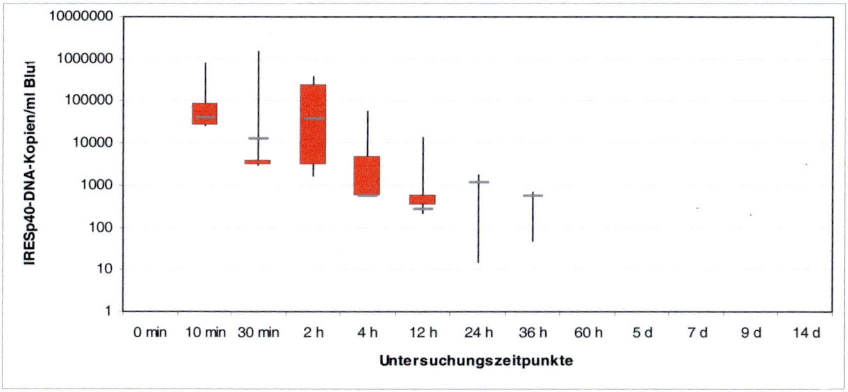

Abb. 1: Logarithmische Darstellung der Konzentrationsverläufe von IRESp40-DNA im Blut bei den Pferden 1 bis 7 nach der Injektion von IL-12-Plasmid-DNA.

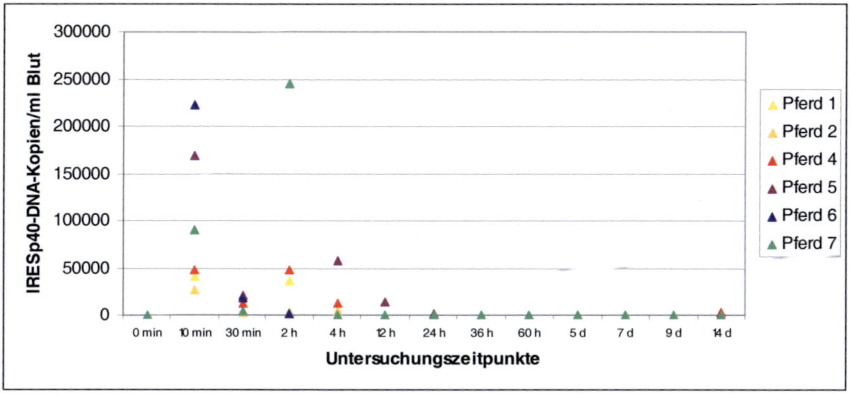

Abb. 2: Konzentrationsverläufe von IRESp40-DNA im Blut bei den Pferden 1, 2, 4, 5, 6 und 7 nach der Injektion von IL-12-Plasmid-DNA.

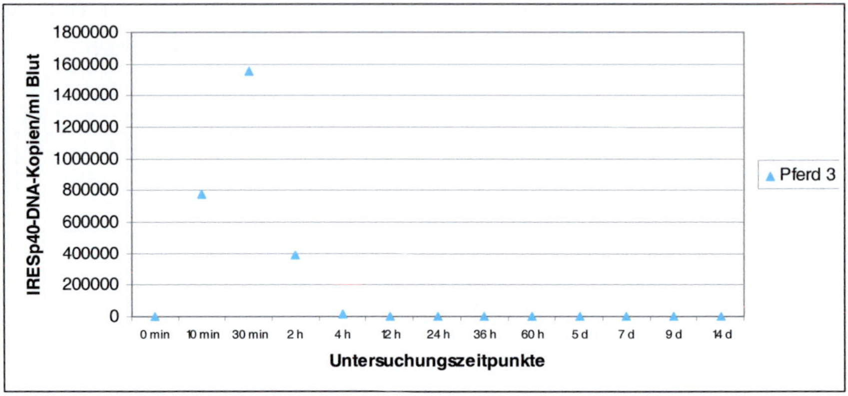

Abb. 3: Konzentrationsverlauf von IRESp40-DNA im Blut bei Pferd 3 nach der Injektion von IL-12-Plasmid-DNA.

4.3.2 Quantitativer Nachweis von p40-DNA im Blut

Bei den gemessenen Konzentrationen trat eine erhebliche Variabilität zwischen den einzelnen Pferden auf (Abb. 4 und Abb. 5). Die Einzelwerte sind in der Tabelle 2 im Anhang aufgeführt. Insgesamt ähnelten die Konzentrationsverläufe stark denen der IRESp40-DNA-Bestimmung im Blut.

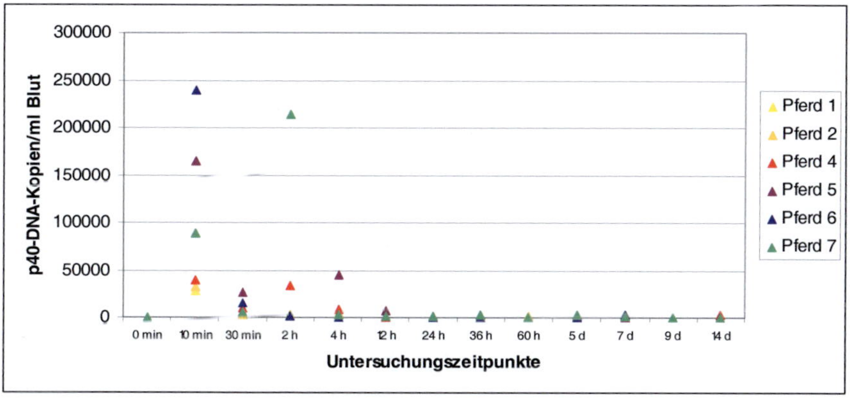

Abb. 4: Konzentrationsverläufe von p40-DNA im Blut bei den Pferden 1, 2, 4, 5, 6 und 7 nach der Injektion von IL-12-Plasmid-DNA.

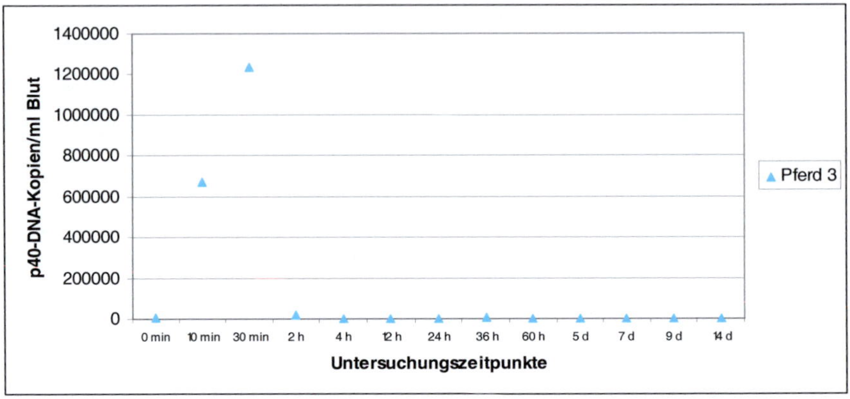

Abb. 5: Konzentrationsverlauf von p40-DNA im Blut bei Pferd 3 nach der Injektion von IL-12-Plasmid-DNA.

4.4 Expressionskinetik von IRESp40-mRNA und IFN-γ-mRNA im Tumor

4.4.1 Nachweis von IRESp40-mRNA im Tumorgewebe

Zum besseren Verständnis wird im nachfolgenden Text von IRESp40-mRNA und nicht von IRESp40-cDNA gesprochen. Vor der Applikation der für IL-12 kodierenden Plasmid-DNA konnte erwartungsgemäß keine Expression von IRESp40-mRNA in den Tumormikrobiopsien festgestellt werden. Die intratumorale Injektion von IL-12-Plasmid-DNA führte über den gesamten vierzehntägigen Untersuchungszeitraum in allen Tumoren zu einer Expression von IRESp40-mRNA. Die Maximalkonzentrationen an IRESp40-mRNA in den Tumoren waren individuell sehr unterschiedlich. Aufgrund dessen wurden die Messwerte logarithmiert und mittels Boxplots grafisch dargestellt (Abb. 6). Von dem fünften bis zum vierzehnten Tag post applicationem konnte bei allen Pferden, verglichen mit dem Ausgangswert, im Durchschnitt noch eine mehr als 10-fach erhöhte IRESp40-mRNA-Expression in den

Tumoren festgestellt werden (Abb. 7). Die Einzelwerte sind in der Tabelle 3 im Anhang aufgeführt.

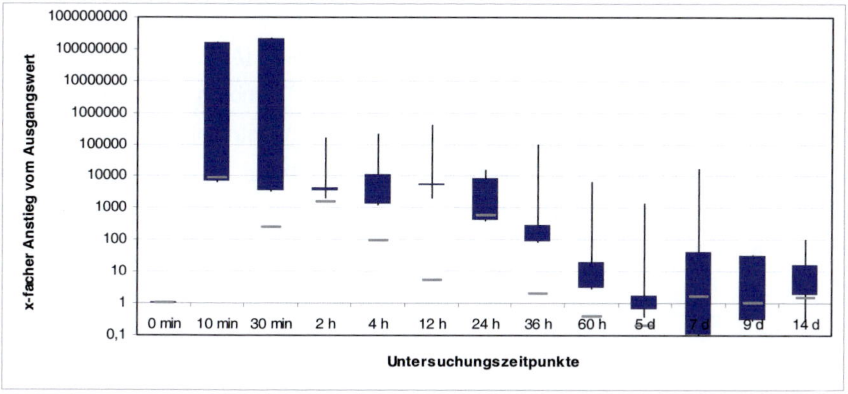

Abb. 6: Logarithmische Darstellung der Expressionsanstiege von IRESp40-mRNA gegenüber dem Null-Minuten-Wert im Tumorgewebe bei den Pferden 1 bis 7 nach der Injektion von IL-12-Plasmid-DNA.

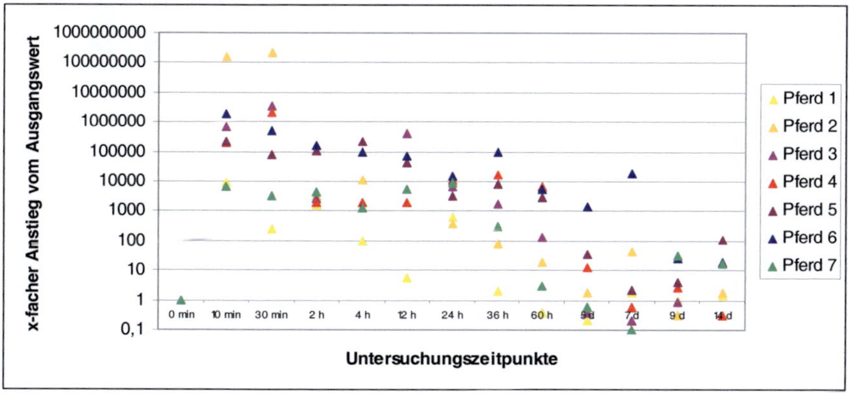

Abb. 7: Logarithmische Darstellung der Expressionsanstiege von IRESp40-mRNA gegenüber dem Null-Minuten-Wert im Tumorgewebe bei den Pferden 1 bis 7 nach der Injektion von IL-12-Plasmid-DNA.

4.4.2 Nachweis von IFN-γ-mRNA im Tumorgewebe

Zum besseren Verständnis wird im nachfolgenden Text von IFN-γ-mRNA und nicht von IFN-γ-cDNA gesprochen. Bei den einzelnen Pferden trat eine deutliche Varianz bei der Induktion der IFN-γ-mRNA auf. Aus diesem Grund wurden die Messwerte logarithmiert und mittels Boxplots grafisch dargestellt (Abb. 8). Während des vierzehntägigen Untersuchungszeitraums war in allen Tumoren eine Synthese von IFN-γ-mRNA zu beobachten. Die erreichten Maximalkonzentrationen in den Tumoren variierten merklich bei den einzelnen Pferden. Pferd 2 wies die höchste Maximalkonzentration auf. Die Einzelwerte sind in der Tabelle 4 im Anhang ersichtlich.

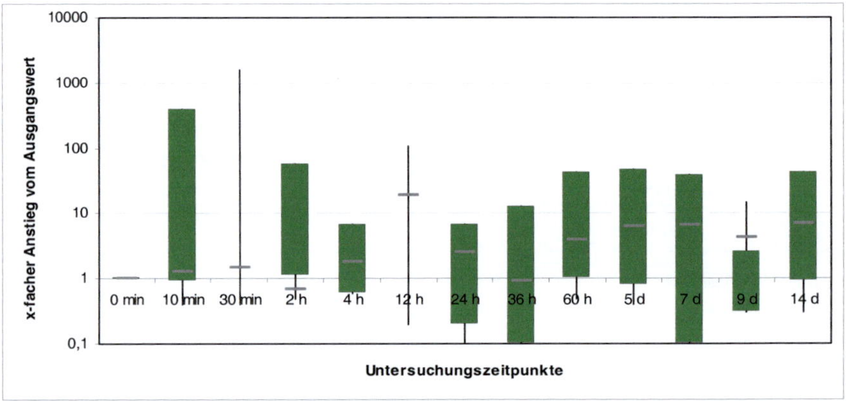

Abb. 8: Logarithmische Darstellung der Expressionsanstiege von IFN-γ-mRNA gegenüber dem Null-Minuten-Wert im Tumorgewebe bei den Pferden 1 bis 7 nach der Injektion von IL-12-Plasmid-DNA.

4.5 Eliminationskinetik von IL-12-Plasmid-DNA im Tumor

4.5.1 Quantitativer Nachweis von IRESp40-DNA im Tumorgewebe

Bei den Pferden 8 und 9 wurde der IL-12-Plasmid-DNA-Gehalt im Tumorgewebe quantifiziert. Vor der einmaligen intratumoralen Injektion konnte keine IRESp40-DNA im Tumorgewebe festgestellt werden. Nach der intratumoralen Injektion wurde zu jedem Untersuchungszeitpunkt IRESp40-DNA in den Tumoren nachgewiesen. Bei beiden Pferden wurden die Maximalkonzentrationen der IRESp40-DNA in den Tumoren dreißig Minuten nach der intratumoralen Injektion erreicht (Abb. 9). Die Verläufe der Konzentrations-Zeit-Kurven waren zunächst durch einen raschen Abfall der IRESp40-DNA-Werte gekennzeichnet. Bei beiden Pferden sanken die Gehalte zwischen der dreißigsten Minute und der zweiten Stunde post injectionem auf die Hälfte der erreichten Maximalkonzentrationen. Im darauf folgenden Untersuchungszeitraum stellte sich der Abfall des IRESp40-DNA-Gehaltes in den Tumoren langsamer dar. Bei beiden Pferden konnten vierzehn Tage nach der intratumoralen Injektion IRESp40-DNA-Werte zwischen 771706 und 10703 Kopien/ml Isolat nachgewiesen werden. Da die Wertebereiche der Daten viele Größenordnungen umfasste, wurden sie zugunsten einer übersichtlicheren grafischen Darstellung logarithmiert. Die Einzelwerte sind der Tabelle 5 im Anhang zu entnehmen.

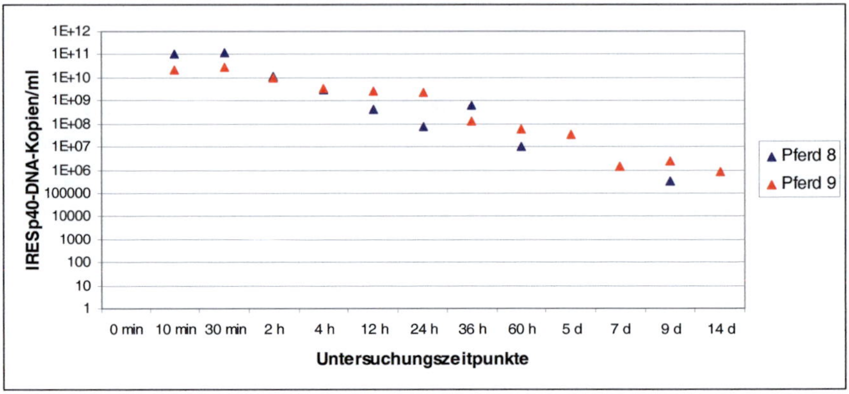

Abb. 9: Logarithmische Darstellung der Konzentrationsverläufe von IRESp40-DNA im Tumorgewebe bei den Pferden 8 und 9 nach der Injektion von IL-12-Plasmid-DNA.

4.5.2 Quantitativer Nachweis von p40-DNA im Tumorgewebe

Auch für die Konzentration der p40-DNA im Tumor zeigte sich ein ähnlicher Kurvenverlauf (Abb. 10). Die maximalen Konzentrationen für die p40-DNA in den Tumoren wurden bei beiden Pferden 30 Minuten nach der intratumoralen Injektion erreicht. Die p40-DNA-Gehalte in den Tumoren sanken zwischen der dreißigsten Minute und der zweiten Stunde post injectionem auf die Hälfte der erreichten Maximalkonzentrationen. In der Folgezeit stellte sich der Konzentrationsabfall in den Tumoren langsamer dar. Die Einzelwerte sind in der Tabelle 6 im Anhang aufgeführt.

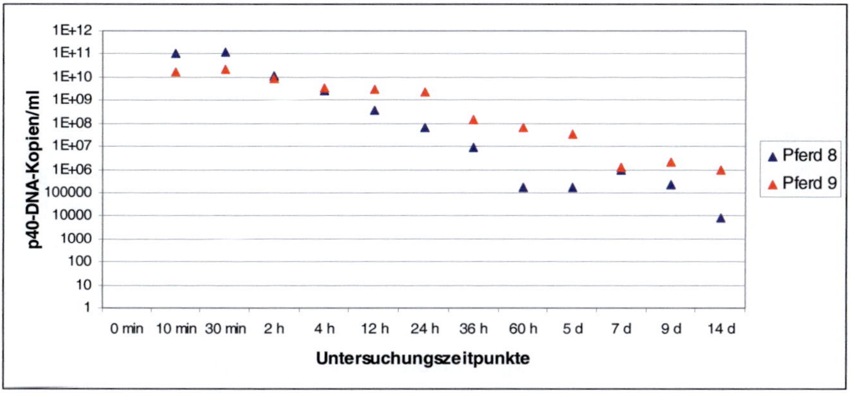

Abb. 10: Logarithmische Darstellung der Konzentrationsverläufe von p40-DNA im Tumorgewebe bei den Pferden 8 und 9 nach der Injektion von IL-12-Plasmid-DNA.

5 Diskussion

5.1 Allgemein

Bis heute stehen keine zufrieden stellenden Therapieverfahren gegen das equine Melanom zur Verfügung (FRAZER 2004; STÄHLI 2005). Die direkte Injektion von nackter Plasmid-DNA in Tumoren ist eine unkomplizierte und für den Patienten gut verträgliche Technik, um eine transgene Expression im Tumorgewebe zu erreichen (KAWASE et al. 2003). Präklinische und klinische Studien aus der Human- und Veterinärmedizin zeigen Erfolg versprechende Einsätze von intratumoral verabreichter für Interleukin-12 kodierende Plasmid-DNA als Therapeutikum gegen Melanome (HEINZERLING et al. 2001; SHI et al. 2002; HEINZERLING et al. 2005; STÄHLI 2005). Für eine optimale Gentherapie von Tumorerkrankungen werden Informationen über die Pharmakokinetik und die Genexpression intratumoral injizierter Vektoren benötigt (NOMURA et al. 1997; NISHIKAWA u. HASHIDA 1999). Die vorliegende Studie beschreibt die Eliminations- und Expressionskinetik von für IL-12 kodierender Plasmid-DNA nach einer einmaligen Injektion in Melanome beim Schimmel. Daneben wurde die Induktion der Interferon-γ-mRNA-Expression im Tumorgewebe untersucht.

5.2 Klinischer Verlauf des Allgemeinzustandes

Die intratumorale Injektion von equiner IL-12 kodierender Plasmid-DNA verursachte keine Nebenwirkungen (HEINZERLING et al. 2001; STÄHLI 2005). Dies konnte in der vorliegenden Studie bestätigt werden.

5.3 Eliminationskinetik der IL-12-Plasmid-DNA im Blut

Die DNA-Sequenz IRES (Internal Ribosome Entry Site) kommt natürlicherweise nicht im Genom des Pferdes vor (SCHLEEF 2001). Das heißt, dass der Nachweis der IRESp40-DNA-Sequenzen ein relativ sicherer Beweis dafür ist, dass DNA-Sequenzen des IL-12-Plasmid-Ringes detektiert wurden. Die quantifizierten

IRESp40-DNA-Sequenzen im Blut werden im nachfolgenden Text als IL-12-Plasmid-DNA oder als Plasmid-DNA bezeichnet.
Die Blutversorgung von Tumorgewebe ist sehr unterschiedlich (JAIN et al. 1989; NISHIKAWA et al. 1999; TAKAKURA et al. 2001). Größere Tumoren sind meist schlecht durchblutet und weisen nekrotische Bereiche auf (BOUCHER et al. 1990; NISHIKAWA et al. 1999). Kleinere Tumoren sind vergleichsweise gut durchblutet und intratumoral verabreichte Stoffe erscheinen nach kurzer Zeit im venösen Abfluss (BOUCHER et al. 1990). Weiterhin spielen individuell unterschiedliche Gehalte an Plasma-DNasen (GOSSE et al. 1965) und im Blut zirkulierende Phagozyten eine große Rolle beim Abbau von DNA im Blutkreislauf (NISHIKAWA et al. 2005a). Diese Gegebenheiten haben möglicherweise dazu beigetragen, dass die Plasmid-DNA-Konzentrationen zwischen den einzelnen Pferden eine ausgeprägte Variabilität aufwiesen.
Die erste maximale Plasmid-DNA-Konzentration wurde bei nahezu allen Pferden zehn Minuten nach der intratumoralen Injektion erreicht. Danach erfolgte eine schnelle und annähernd exponentielle Abnahme der Konzentrationen im Blut. Die Resultate der vorliegenden Studie bestätigen frühere Untersuchungen, nach denen unmittelbar nach einer intratumoralen Injektion von nackter Plasmid-DNA eine hohe Konzentration im venösen Blut erreicht wird, die im nachfolgenden Zeitraum zunächst rasch absinkt (NOMURA et al. 1997). Nach der ersten maximalen Konzentration zehn Minuten post injectionem zeigte sich bei fünf Pferden zwischen der zweiten und der vierten Stunde ein zweiter Konzentrationsanstieg der Plasmid-DNA im Blut. Es ist bekannt, dass im Blutkreislauf zirkulierende Plasmid-DNA rasch von der Leber aufgenommen und abgebaut wird. Die Abbauprodukte werden ins Blut abgegeben, über die Nieren ausgeschieden (KAWABATA et al. 1995; KOBAYASHI et al. 2001; NISHIKAWA et al. 2003) und können dort mit Hilfe der PCR detektiert werden. In einer Untersuchung von EMLEN und MANNIK (1978) wurde intravenös in Mäuse injizierte radioaktiv markierte DNA innerhalb von Minuten aus dem Blut eliminiert. Nach dreißig Minuten konnte ein erneuter Anstieg radioaktiv markierter DNA-Abbauprodukte im Blut festgestellt werden. In anderen Studien wurde ebenfalls ein zweiter Konzentrationsanstieg der Plasmid-DNA im Blut beobachtet (KAWABATA

et al. 1995; NOMURA et al. 1997; NISHIKAWA et al. 2003). Die in der vorliegenden Arbeit verwendete Real-Time PCR erlaubt es nicht, zwischen der anfänglich injizierten Plasmid-DNA und ihren Abbauprodukten zu unterscheiden. Auf Grund dessen ist es vorstellbar, dass der zweite Konzentrationsanstieg der Plasmid-DNA im Blut zwischen der zweiten und der vierten Stunde post injectionem ein Hinweis auf aus der Leber freigesetzte Abbauprodukte sein könnte.

5.4 Expressionskinetik der IL-12-Plasmid-DNA im Tumorgewebe

Der Organismus soll die IL-12-Plasmid-DNA als Vorlage nutzen, um über die Synthese von p35-mRNA und IRESp40-mRNA das Protein Interleukin-12 zu bilden. In dieser Untersuchung wurde die IRESp40-mRNA quantifiziert, um zum einen die Funktion der IL-12-Plasmid-DNA *in vivo* zu überprüfen und zum anderen um zu ermitteln, wie hoch und wie lange die Expression von IRESp40-mRNA im Tumorgewebe ist. Der Nachweis von IRESp40-mRNA ist ein relativ sicherer Beweis dafür, dass die mRNA auf der Grundlage der injizierten Plasmid-DNA gebildet wurde. Zum einen, weil die zwei DNA-Sequenzen IRES und p40 im Plasmid-Ring direkt nebeneinander liegen und zum anderen, weil die DNA-Sequenz IRES natürlicherweise nicht im Genom des Pferdes vorkommt (SCHLEEF 2001). Eine nachgewiesene IRESp40-mRNA-Synthese erlaubt die Annahme, dass der Organismus in nachfolgenden Schritten auch das Protein Interleukin-12 synthetisiert, welches dann seine Antitumorwirkung entfalten kann. Die im Tumorgewebe quantifizierte IRESp40-mRNA (IRESp40-cDNA) soll im nachfolgenden Text als IL-12-Plasmid-mRNA bezeichnet werden.

Die direkte Injektion von nackter Plasmid-DNA in Tumoren ist eine einfache und wirkungsvolle Methode für den intratumoralen Gentransfer (NOMURA et al. 1997; KAWASE et al. 2003). Die Voraussetzung zur Genexpression ist die Aufnahme der Plasmid-DNA in die Zelle und deren Einschleusung in den Zellkern (BUDKER et al. 2000). Die Wirksamkeit der Plasmid-DNA ist an die Höhe und die Dauer der transgenen Expression gebunden (NISHIKAWA et al. 2005a).

In der vorliegenden Untersuchung ist die Expression der IL-12-Plasmid-mRNA bis zum vierzehnten Tag post applicationem in nahezu allen Tumoren erhöht. Dies deckt sich mit früheren Untersuchungen, wonach die Injektion von nackter Plasmid-DNA eine über ein bis zwei Wochen anhaltende transgene Genexpression innerhalb des injizierten Tumorgewebes bewirken kann (VILE u. HART 1993; NOMURA et al. 1997; SCHULTE et al. 1998; KIRCHEIS et al. 1999; NOMURA et al. 1999; BUDRYK et al. 2000; SHI et al. 2002).

In denen hier zum Vergleich herangezogenen Genexpressionsstudien wurde das gebildete Protein nachgewiesen, und dies zumeist mittels eines ELISA (VILE u. HART 1993; NOMURA et al. 1999; BUDRYK et al. 2000; SHI et al. 2002). Bekanntermaßen stellt ein ELISA im Vergleich zu einer Real-Time PCR ein weniger sensitives Nachweisverfahren dar (DROSTEN 2009). Daraus lässt sich schlussfolgern, dass es durch die in der vorliegenden Arbeit verwendete Real-Time PCR möglich war, geringste Mengen von Genexpressionsprodukten zu quantifizieren.

Die erreichten Maximalexpressionen der IL-12-Plasmid-mRNA differierten deutlich zwischen den einzelnen Pferden. Möglicherweise führte das Austreten geringer Mengen der Injektionslösung aus dem Stichkanal nach der Injektion zu einer unterschiedlichen Anzahl transfizierter und genexprimierender Zellen im Bereich der Injektionsstelle. In einer Studie von SCHULTE et al. (1998) wurde beobachtet, dass selbst bei der Injektion relativ kleiner Flüssigkeitsvolumen in Melanome ein Teil der injizierten Menge über den Stichkanal wieder austritt.

Aber auch die Beschaffenheit des Tumorgewebes im Bereich der Injektionsstelle könnte für die unterschiedlich hohen Maximalexpressionen verantwortlich sein. Es ist bekannt, dass Tumorgewebe sowohl sehr gut durchblutete als auch nekrotische Bereiche aufweist (BOUCHER et al. 1990; NISHIKAWA u. HASHIDA 1999). Sollte in der vorliegenden Untersuchung die Plasmid-DNA bei der intratumoralen Injektion in einen dieser Bereiche injiziert worden sein, könnte dies zu einer niedrigeren Expression geführt haben, weil die Plasmid-DNA entweder sehr schnell über den Blutweg von der Injektionsstelle abtransportiert wurde oder weil im Bereich der Injektionsstelle kaum lebende und damit zur Genexpression fähige Zellen vorhanden gewesen sind. WOLFF et al. (1992) beobachteten, dass Variabilitäten in der Genexpression durch eine ungleichmäßige Verteilung der injizierten Plasmid-DNA im

Gewebe bedingt sein können. Diese unregelmäßige Verteilung der Plasmid-DNA im Gewebe könnte auch ein Grund für die interindividuellen Unterschiede der Genexpression in der vorliegenden Untersuchung sein.
Die maximalen IL-12-Plasmid-mRNA-Expressionen wurden in den ersten Stunden nach der intratumoralen Injektion der IL-12-Plasmid-DNA erreicht. In den darauf folgenden Tagen sanken die Expressionswerte der IL-12-Plasmid-mRNA bei fast allen Pferden auf einen niedrigen Level ab.
Ein vergleichbares Expressionsmuster beobachteten BAROUCH et al. (2004) nach der Injektion von für IL-2/Ig kodierender Plasmid-DNA in die Skelettmuskulatur von Mäusen. Die IL-2/Ig-Expression erlangte am Tag nach der Verabreichung des Plasmids ihren Höhepunkt und hatte eine Halbwertszeit von 1-2 Tagen. Zwölf Tage später konnte kein IL-2/Ig mehr nachgewiesen werden.
In anderen Untersuchungen stieg die Expression im injizierten Tumorgewebe schrittweise an und erreichte einige Tage nach der Plasmid-DNA-Injektion für ein bis zwei Wochen anhaltend hohe Expressionswerte (VILE u. HART 1993; SCHULTE et al. 1998; BUDRYK et al. 2000; SHI et al. 2002; CHANG et al. 2007). Die Gründe für diese anscheinend im Widerspruch zu Untersuchungen anderer Autoren stehenden Ergebnisse der vorliegenden Studie können vielfältig sein und sollen im nachfolgenden Abschnitt erörtert werden.
Es ist bekannt, dass die Höhe der transgenen Expression von der Anzahl der transfizierten Zellen bestimmt wird (NISHIKAWA u. HASHIDA 2002). Zudem begrenzt die Lebenserwartung der Zelle die Fortdauer der Expression (NISHIKAWA u. HASHIDA 2002). In kaum einer bisher durchgeführten Expressionsstudie wurden zu so vielen Zeitpunkten Gewebeproben entnommen und damit der Versuch unternommen, den Expressionsverlauf so detailliert wie möglich darzustellen. Leider haben die wiederholten Gewebeprobenentnahmen aber auch zu einem Verlust und zu einer Schädigung des Tumorgewebes an der Injektionsstelle geführt. Aufgrund dessen ist es durchaus vorstellbar, dass die im Vergleich zu anderen Untersuchungen verfrüht erscheinende Reduktion der Expressionswerte auf die Entnahme der Tumorgewebeproben zurückzuführen ist. Ein weiterer Grund für den unerwarteten Expressionsverlauf könnte in der Verwendung einer zu hohen Plasmid-

DNA-Dosis liegen. Aus der Literatur geht hervor, dass die Expressionshöhe zunächst proportional mit der Menge an verabreichter Plasmid-DNA ansteigt. Die Injektion von mehr als 20 µg Plasmid-DNA führt zu keiner gesteigerten Expression, sondern zu einer konstanten (MANTHORPE et al.1993; HENGGE et al. 1995) oder niedrigeren Bildung des kodierten Proteins (SCHULTE et al. 1998). In einer Untersuchung von BUDRYK et al. (2000) führte die Injektion von mehr als 50 µg Plasmid-DNA in Tumore bei Mäusen zu verminderten Expressionserträgen. SCHULTE et al. (1998) stellten fest, dass eine direkte intratumorale Injektion von mehr als 20 µg Plasmid-DNA in Melanome bei Fischen zu einer verminderten Expression des kodierten Proteins führt. Die Autoren vermuteten, dass höhere Konzentrationen an Plasmid-DNA die Transfektion der Zellen hemmt. Bezug nehmend auf die oben aufgeführten Studien ist es vorstellbar, dass die in der vorliegenden Untersuchung intratumoral injizierte Menge von 250 µg Plasmid-DNA zu groß war und infolgedessen zu dem unerwarteten Expressionsverlauf führte.

Das unter Verwendung der IL-12-Plasmid-DNA gebildete Interleukin-12 regt T-Zellen und NK-Zellen zur Produktion von IFN-γ an, welches wiederum die Synthese von IL-12 induziert. Über diesen positiven Feedbackmechanismus stimuliert die Injektion von IL-12-Plasmid-DNA eine lang anhaltende endogene IL-12-Expression (SCHULTZ et al. 2000). Mehrere Studien betonen, dass der Antitumoreffekt von der Menge des an der Tumorlokalisation verfügbaren IL-12 abhängt (BRUNDA et al. 1993; COLOMBO et al. 1996; HEINZERLING et al. 2001). Die verfrühte Reduktion der IL-12-Plasmid-mRNA-Expression als auch die geringe Induktion der IFN-γ-mRNA-Bildung deuten darauf hin, dass die einmalige intratumorale Injektion der für IL-12 kodierenden Plasmid-DNA in der hier vorgestellten Studie nicht ausreichte, um eine langfristige Expression von IL-12 zu bewirken. In ähnlichen Untersuchungen wurde festgestellt, dass die wiederholte intratumorale Injektionen von nackter IL-12-Plasmid-DNA in Tumoren zu weit höheren Konzentrationen an IL-12 im Tumorgewebe führt als eine einzelne IL-12-Plasmid-DNA-Injektion (BUDRYK et al. 2000; MAHESHWARI et al. 2002). Diese Untersuchungen zeigen, dass für eine höhere und länger anhaltende Expression in Melanomen wiederholte intratumorale Injektionen von für IL-12 kodierender Plasmid-DNA benötigt werden.

5.5 Expressionskinetik der IFN-γ-mRNA im Tumorgewebe

Interleukin-12 entfaltet seine Antitumoraktivität in erster Linie über die Induktion der IFN-γ-Expression (NASTALA et al. 1994; BRUNDA et al. 1995; TANNENBAUM et al. 1996; SHI et al. 2002; HEINZERLING et al. 2005). In der vorliegenden Untersuchung wurde der Gehalt der IFN-γ-mRNA im Tumorgewebe bestimmt, weil die Induktion der IFN-γ-mRNA-Synthese als ein Beleg für die Bildung des transgenen Proteins Interleukin-12 und damit als ein Beweis für die Funktion der IL-12-Plasmid-DNA gedeutet werden kann. Die Expressionshöhe der IFN-γ-mRNA im Tumorgewebe wurde unter Verwendung der Real-Time PCR bestimmt, da ein ELISA zum Nachweis des IFN-γ-Proteins nicht existierte.

Bei den meisten Pferden konnte kurze Zeit nach der einmaligen intratumoralen Injektion von IL-12 kodierender Plasmid-DNA eine geringe und interindividuell variable Induktion der IFN-γ-mRNA-Expression beobachtet werden. Vorhergehende Studien zeigen ebenfalls einen Anstieg der IFN-γ-Expression im Tumorgewebe nach einer einmaligen intratumoralen Injektion von IL-12 kodierender Plasmid-DNA (MAHESHWARI et al. 2002; HEINZERLING et al. 2005).

Das unter Verwendung der IL-12-Plasmid-DNA gebildete Interleukin-12 regt T-Zellen und NK-Zellen zur Produktion von IFN-γ an (SCHULTZ et al. 2000). Angesichts dieser Tatsache führte möglicherweise die im vorherigen Abschnitt beschriebene vorzeitige Reduktion der IL-12-Plasmid-mRNA-Expression zu der insgesamt eher geringen IFN-γ-mRNA-Expression.

JIN et al. (2005) beobachteten, dass die IL-12-Untereinheit p40 eine Hemmung der biologischen Aktivität von IL-12 induziert. Dieser Sachverhalt könnte auch ein Grund für die moderate Induktion der Genexpression von IFN-γ-mRNA in der vorliegenden Untersuchung sein.

Die Arbeitsgruppen SCHULTZ et al. (2000) und ELZAOUK et al. (2006) injizierten mehrmalig für IL-12 kodierende Plasmid-DNA in Melanome bei Mäusen und konnten erst nach der zweiten Injektion ansteigende IFN-γ-Konzentrationen im Tumorgewebe feststellen. Diese Untersuchungen stützen die Hypothese, dass für einen höheren Anstieg der IFN-γ-mRNA-Expression im Tumorgewebe wiederholte intratumorale Injektionen von IL-12 kodierender Plasmid-DNA benötigt worden wären.

5.6 Eliminationskinetik der IL-12-Plasmid-DNA im Tumor

Die quantifizierte IRESp40-DNA im Tumorgewebe ist eine DNA-Sequenz des verwendeten IL-12-Plasmid-Rings und wird im nachfolgenden Text als IL-12-Plasmid-DNA oder als Plasmid-DNA bezeichnet.

Beide im Rahmen dieser Arbeit untersuchten Pferde zeigten einen ähnlichen Kurvenverlauf der IL-12-Plasmid-DNA-Konzentrationen im Tumorgewebe. Bis zum vierzehnten Tag nach der intratumoralen Injektion konnte bei beiden Pferden Plasmid-DNA im Tumorgewebe nachgewiesen werden. Die lange Nachweisbarkeit geringer Mengen von Plasmid-DNA im Bereich der Injektionsstelle wurde bereits in vorhergehenden Studien beschrieben (WOLFF et al. 1992; YANG u. HUANG 1996; IMBODEN et al. 2003; TUOMELA et al. 2005; COELHO-CASTELO et al. 2006; GRAVIER et al. 2007). Bei beiden Pferden wurden die maximalen Konzentrationen an Plasmid-DNA in den Tumoren dreißig Minuten nach der intratumoralen Injektion erreicht. Zu vergleichbaren Ergebnissen kamen GRAVIER et al. (2007), welche Plasmid-DNA intramuskulär in Schweine injizierten und zwölf Minuten nach der Injektion den höchsten Plasmid-DNA-Gehalt in der Muskulatur messen konnten. Die Plasmid-DNA-Konzentrationen waren zwischen der dreißigsten Minute und der zweiten Stunde post injectionem durch einen raschen und annähernd exponentiellen Konzentrationsabfall gekennzeichnet. Im darauf folgenden Untersuchungszeitraum sank der Plasmid-DNA-Gehalt in den Tumoren langsamer ab. Die Untersuchungen anderer Autoren an Tumoren von Mäusen (KAWASE et al. 2003) und Tumorperfusionssystemen (NOMURA et al. 1997) zeigten ebenfalls, dass der Hauptanteil der injizierten Plasmid-DNA im Tumorgewebe innerhalb der ersten Stunden von der Injektionsstelle eliminiert wird.

5.7 Schlussfolgerungen

In der vorliegenden Studie konnte die intratumoral verabreichte Plasmid-DNA bis zu vierzehn Tage post injectionem im Tumorgewebe nachgewiesen werden. Daneben wurde festgestellt, dass die Plasmid-DNA innerhalb von Stunden aus dem Blut eliminiert wird. Diese Ergebnisse decken sich mit einer großen Anzahl vorhergehender Untersuchungen.

Die einmalige intratumorale Injektion von IL-12-Plasmid-DNA führte zu einer Expression von IL-12-Plasmid-mRNA im Tumorgewebe. Zudem wurde eine deutliche Induktion der IFN-γ-mRNA-Synthese im Tumorgewebe festgestellt. Daraus kann abgeleitet werden, dass für IL-12 kodierende Plasmid-DNA die Fähigkeit besitzt, Zellen *in vivo* zu transfizieren und durch die Expression von biologisch aktivem IL-12 einen Antitumoreffekt hervorzurufen. Um zu überprüfen, ob die Biopsienentnahmen zu einer Schädigung von genexprimierenden Zellen geführt haben, sollte zunächst die Expression der IL-12-Plasmid-mRNA im Tumorgewebe zu weniger häufigen Zeitpunkten untersucht werden.

In weiterführenden Untersuchungen wäre es interessant zu überprüfen, ob durch wiederholte Injektionen von IL-12 kodierender Plasmid-DNA in equine Melanome eine anhaltend hohe Expression der untersuchten Zytokine im Tumorgewebe erzeugt werden kann. Ferner sollte über die intratumorale Injektion unterschiedlich hoher IL-12-Plasmid-DNA-Mengen die Dosis ermittelt werden, welche die höchste Expression von IL-12-Plasmid-mRNA im Tumorgewebe bewirkt.

6 Zusammenfassung

Jasmin Wissemann

Untersuchung zur biologischen Aktivität von transgenem equinem Interleukin-12 nach intratumoraler Injektion von Plasmid-DNA in Melanome beim Pferd

Bei annähernd 80 % aller Schimmel bilden sich ab einem Alter von 15 Jahren Melanome aus. Bisher existieren keine erfolgreichen Therapieverfahren gegen das equine Melanom. Aus zahlreichen wissenschaftlichen Arbeiten geht hervor, dass das Zytokin Interleukin-12 zur Tumorregression führt und antimetastatische Wirkungen besitzt. Mit Erfolg wurden einige Studien durchgeführt, bei denen für IL-12 kodierende Plasmid-DNA in Melanome von Pferden, Mäusen und Menschen verabreicht wurde und eine signifikante Regression bei sämtlichen behandelten Tumoren beobachtet werden konnte. Leider liegen nur wenige Informationen über die Verteilung und die Expressionseigenschaften von intratumoral injizierter IL-12-Plasmid-DNA innerhalb des Tumorgewebes vor.

Das Ziel dieser Studie bestand in der Ermittlung der Eliminations- und Expressionskinetik intratumoral verabreichter für IL-12 kodierender Plasmid-DNA in Melanome beim Schimmel. Daneben wurde zum Nachweis der biologischen Aktivität der IL-12-Plasmid-DNA die Expression der IFN-γ-mRNA im Tumorgewebe gemessen.

In der vorliegenden Untersuchung erhielten neun Schimmel mit Melanomen jeweils eine einmalige intratumorale Injektion mit 250 µg für IL-12 kodierender Plasmid-DNA. Die erste Probenentnahme von Tumorgewebe und Blut erfolgte zehn Minuten vor der Plasmid-DNA-Injektion. Die weiteren Probenentnahmen erfolgten 10 min, 30 min, 2 h, 4 h, 12 h, 24 h, 36 h, 60 h, 5 d, 7 d, 9 d und 14 d nach der Injektion. Unter Verwendung der Real-Time PCR wurde bei den Pferden 1 bis 7 die Plasmid-DNA-Menge im venösen Blut quantifiziert sowie die Expression der IL-12-Plasmid-mRNA und der IFN-γ-mRNA im Tumorgewebe untersucht. Bei den Pferden 8 und 9 wurde der Gehalt an Plasmid-DNA im Tumorgewebe ebenfalls mittels der Real-Time PCR bestimmt.

Bei den behandelten Pferden traten keinerlei unerwünschte Wirkungen auf. Die höchsten Konzentrationen von Plasmid-DNA im Blut wurden mit Werten von bis zu 17 x 10^4 Kopien/ml (Min: 26 x 10^3 Kopien/ml; Max: 16 x 10^5 Kopien/ml) zehn Minuten bis zwei Stunden nach der intratumoralen Injektion festgestellt. Im folgenden Zeitraum stellte sich eine rasche Abnahme der Plasmid-DNA-Konzentration ein. Bei fünf Pferden wurde innerhalb der ersten vier Stunden ein zweiter Anstieg der Kopienzahl im Blut auf bis zu 47 x 10^3 Plasmid-DNA-Kopien/ml (Min: 48 x 10^2 Kopien/ml; Max: 24 x 10^4 Kopien/ml) beobachtet. Sechzig Stunden nach der Applikation war bei allen sieben Pferden die Nachweisgrenze unterschritten. Die transgene Expression der IL-12-Plasmid-mRNA erhöhte sich nach 30 Minuten post injectionem um das 48 x 10^4-fache (Min: 238,9-fach; Max: 216 x 10^6-fach) und wies bis zur letzten Probenentnahme ein 1,8-fach erhöhtes Expressionsniveau auf (Min: 0,3-fach; Max: 104,3-fach). Außerdem konnte eine Induktion der IFN-γ-mRNA-Expression im Tumorgewebe mit einer Steigerung um das 1,6-fache (Min: 0; Max: 16 x 10^2-fach) nachgewiesen werden. Die intratumoral injizierte Plasmid-DNA zeigte innerhalb der ersten zwei Stunden eine rasche Elimination aus dem Tumorgewebe. Bis zum 14. Tag post injectionem waren Plasmid-DNA-Kopien in einer Höhe von 10 x 10^3/ml Isolat bei Pferd 8 und 77 x 10^4/ml Isolat bei Pferd 9 im Bereich der Injektionsstelle nachweisbar.

In der vorliegenden Studie konnte festgestellt werden, dass der Hauptanteil der intratumoral injizierten Plasmid-DNA innerhalb von vier Stunden aus dem Blut eliminiert wird. Daneben führte die einmalige intratumorale Injektion von für equines IL-12 kodierender Plasmid-DNA zu einer Expression von IL-12-Plasmid-mRNA und zu einer deutlichen Induktion der IFN-γ-mRNA-Synthese im Tumorgewebe. Die Plasmid-DNA konnte bis zu vierzehn Tage post injectionem im Tumorgewebe nachgewiesen werden. Daraus kann abgeleitet werden, dass für IL-12 kodierende Plasmid-DNA die Fähigkeit besitzt, Zellen *in vivo* zu transfizieren und durch die Expression von biologisch aktivem IL-12 eine Antitumorwirkung zu entfalten.

7 Summary

Jasmin Wissemann

Analysis on biological activity of transgene equine interleukin-12 after intratumoral injection of plasmid DNA in melanoma in horses

Almost 80 % of all grey horses develop melanoma after the age of fifteen. Until now there are no successful treatments against equine melanoma. Numerous scientific studies show that the cytokine interleukin-12 induce tumour regression, and has an antimetastatic effect. In several studies plasmid DNA coding IL-12 has been injected in melanoma of humans, mice and horses and a significant regression in all treated tumours was observed. Unfortunately little is known about the distribution and expression characteristics of intratumorally injected IL-12 plasmid DNA in tumour tissue.

The aim of this study was to investigate the elimination and expression kinetics of intratumorally injected plasmid DNA coding for equine interleukin-12 in melanoma in grey horses. Additionally the expression of IFN-γ mRNA in tumour tissue was determined to prove the biological activity of IL-12 plasmid DNA.

In the present study nine grey horses bearing melanomas received a single intratumoral injection with 250 µg plasmid DNA coding for equine IL-12. The first taken sample of tumour tissue and blood was ten minutes after the injection of plasmid DNA. The following samples were taken 10 min, 30 min, 2 h, 4 h, 12 h, 24 h, 36 h, 60 h, 5 d, 7 d, 9 d, and 14 d after the injection. Real-time PCR was used to quantify the plasmid DNA amount in the venous blood and the expression of IL-12 plasmid mRNA and IFN-γ mRNA in the injected tumour tissue in the horses 1 to 7. In the tumour tissue of the horses 8 and 9 the amount of plasmid DNA was determined using real-time PCR as well.

In the treated horses no side effects could be seen. The highest count of plasmid DNA in blood with values of up to 17 x 10^4 copies/ml (Min: 26 x 10^3 copies/ml; Max: 16 x 10^5 copies/ml) could be determined ten minutes to two hours after intratumoral injection. In the following period the concentration of plasmid DNA decreased rapidly.

A second peak of copy numbers within the first four hours up to 47 x 10^3 plasmid DNA copies/ml (Min: 48 x 10^2 copies/ml; Max: 24 x 10^4 copies/ml) was observed in five horses. Sixty hours after the application in all seven horses the plasmid DNA concentration fell below the detection limit. During the first 30 minutes the transgene expression of IL-12 plasmid mRNA increase to 48 x 10^4-fold (Min: 238.9-fold; Max: 216 x 10^6-fold), and showed an 1.8-fold elevated expression level until the last taken sample (Min: 0.3-fold; Max: 104.3-fold). Moreover an induction of IFN-γ mRNA expression could be detected in tumour tissue with an 1.6-fold increase (Min: 0; Max: 16 x 10^2-fold). The intratumorally injected plasmid DNA showed a rapid elimination from the tumour tissue in the first two hours. Until fourteen days after the injection plasmid DNA could be detected in the tumour tissue with an amount of 10 x 10^3/ml isolate in horse 8 and 77 x 10^4/ml isolate in horse 9.

The present work established that the main part of the intratumoral injected plasmid DNA was eliminated out of the blood within four hours. Additionally the single intratumoral injection of plasmid DNA coding for equine IL-12 induced an expression of IL-12 plasmid mRNA, and an induction of IFN-γ mRNA synthesis in the tumour tissue. Fourteen days after the injection plasmid DNA could still be detected in the tumour tissue.

It can be assumed that plasmid DNA coding for equine IL-12 has the ability to transfect cells *in vivo* an induce an antitumour effect through the expression of biologically active interleukin-12.

8 Literaturverzeichnis

ADAMI, R. C., W. T. COLLARD, S. A. GUPTA, K. Y. KWOK, J. BONADIO u. K. G. RICE (1998):
Stability of peptide-condensed plasmid DNA formulations.
J Pharm Sci 87, 678-683

AKIRA, S. (1999):
Functional roles of STAT family proteins: lessons from knockout mice.
Stem Cells 17, 138-146

ATKINS, M. B., M. J. ROBERTSON, M. GORDON, M. T. LOTZE, M. DECOSTE, J. S. DUBOIS, J. RITZ, A. B. SANDLER, H. D. EDINGTON, P. D. GARZONE, J. W. MIER, C. M. CANNING, L. BATTIATO, H. TAHARA u. M. L. SHERMAN (1997):
Phase I evaluation of intravenous recombinant human interleukin 12 in patients with advanced malignancies.
Clin Cancer Res 3, 409-417

BAROUCH, D. H., D. M. TRUITT u. N. L. LETVIN (2004):
Expression kinetics of the interleukin-2/immunoglobulin (IL-2/Ig) plasmid cytokine adjuvant.
Vaccine 22, 3092-3097

BENNETT, H. S., J. H. LUFT u. J. C. HAMPTON (1959):
Morphological classifications of vertebrate blood capillaries.
Am J Physiol 196, 381-390

BEVERLEY, P. (1995):
Tumorimmunologie
in: I. M. Roitt, J. Brostoff u. D. K. Male (Hrsg.): Kurzes Lehrbuch der Immunologie.
3. Aufl., Verlag Thieme, Stuttgart, New York, S. 246-257

BOEHM, U., T. KLAMP, M. GROOT u. J. C. HOWARD (1997):
Cellular responses to interferon-gamma.
Annu Rev Immunol 15, 749-795

BOUCHER, Y., L. T. BAXTER u. R. K. JAIN (1990):
Interstitial pressure gradients in tissue-isolated and subcutaneous tumors: implications for therapy.
Cancer Res 50, 4478-4484

BROWN, M. D., A. G. SCHATZLEIN u. I. F. UCHEGBU (2001):
Gene delivery with synthetic (non viral) carriers.
Int J Pharm 229, 1-21

BRUNDA, M. J., L. LUISTRO, L. RUMENNIK, R. B. WRIGHT, M. DVOROZNIAK, A. AGLIONE, J. M. WIGGINTON, R. H. WILTROUT, J. A. HENDRZAK u. A. V. PALLERONI (1996):
Antitumor activity of interleukin 12 in preclinical models.
Cancer Chemother Pharmacol 38 Suppl, S16-21

BRUNDA, M. J., L. LUISTRO, J. A. HENDRZAK, M. FOUNTOULAKIS, G. GAROTTA u. M. K. GATELY (1995):
Role of interferon-gamma in mediating the antitumor efficacy of interleukin-12.
J Immunother Emphasis Tumor Immunol 17, 71-77

BRUNDA, M. J., L. LUISTRO, R. R. WARRIER, R. B. WRIGHT, B. R. HUBBARD, M. MURPHY, S. F. WOLF u. M. K. GATELY (1993):
Antitumor and antimetastatic activity of interleukin 12 against murine tumors.
J Exp Med 178, 1223-1230

BUDKER, V., T. BUDKER, G. ZHANG, V. SUBBOTIN, A. LOOMIS u. J. A. WOLFF (2000):
Hypothesis: naked plasmid DNA is taken up by cells in vivo by a receptor-mediated process.
J Gene Med 2, 76-88

BUDRYK, M., U. WILCZYNSKA, J. SZARY u. S. SZALA (2000):
Direct transfer of IL-12 gene into growing Renca tumors.
Acta Biochim Pol 47, 385-391

BUKOWSKI, R. M., P. RAYMAN, L. MOLTO, C. S. TANNENBAUM, T. OLENCKI, D. PEEREBOOM, R. TUBBS, D. MCLAIN, G. T. BUDD, T. GRIFFIN, A. NOVICK, T. A. HAMILTON u. J. FINKE (1999):
Interferon-gamma and CXC chemokine induction by interleukin 12 in renal cell carcinoma.
Clin Cancer Res 5, 2780-2789

BUTLER, T. P., F. H. GRANTHAM u. P. M. GULLINO (1975):
Bulk transfer of fluid in the interstitial compartment of mammary tumors.
Cancer Res 35, 3084-3088

CHANG, C. Y., J. LEE, E. Y. KIM, H. J. PARK, C. H. KWON, J. W. JOH u. S. J. KIM (2007):
Intratumoral delivery of IL-18 naked DNA induces T-cell activation and Th1 response in a mouse hepatic cancer model.
BMC Cancer 7, 87

COELHO-CASTELO, A. A., A. P. TROMBONE, R. S. ROSADA, R. R. SANTOS, JR., V. L. BONATO, A. SARTORI u. C. L. SILVA (2006):
Tissue distribution of a plasmid DNA encoding Hsp65 gene is dependent on the dose administered through intramuscular delivery.
Genet Vaccines Ther 4, 1

COLOMBO, M. P. u. G. TRINCHIERI (2002):
Interleukin-12 in anti-tumor immunity and immunotherapy.
Cytokine Growth Factor Rev 13, 155-168

COLOMBO, M. P., M. VAGLIANI, F. SPREAFICO, M. PARENZA, C. CHIODONI, C. MELANI u. A. STOPPACCIARO (1996):
Amount of interleukin 12 available at the tumor site is critical for tumor regression.
Cancer Res 56, 2531-2534

CONWELL, C. C. u. L. HUANG (2005):
Recent advances in non-viral gene delivery.
Adv Genet 53PA, 1-18

COUGHLIN, C. M., K. E. SALHANY, M. S. GEE, D. C. LATEMPLE, S. KOTENKO, X. MA, G. GRI, M. WYSOCKA, J. E. KIM, L. LIU, F. LIAO, J. M. FARBER, S. PESTKA, G. TRINCHIERI u. W. M. LEE (1998):
Tumor cell responses to IFNgamma affect tumorigenicity and response to IL-12 therapy and antiangiogenesis.
Immunity 9, 25-34

CRUSE, J. M., u. R. E. LEWIS (Hrsg.) (1999):
Atlas of Immunology.
Verlag Springer, Heidelberg

DIETZ, O. (2006):
Hautkrankheiten
in: O. Dietz u. B. Huskamp (Hrsg.): Handbuch Pferdepraxis.
3. Aufl., Verlag Enke, Stuttgart, S. 219-220

DOWTY, M. E., P. WILLIAMS, G. ZHANG, J. E. HAGSTROM u. J. A. WOLFF (1995):
Plasmid DNA entry into postmitotic nuclei of primary rat myotubes.
Proc Natl Acad Sci U S A 92, 4572-4576

DROSTEN, C. (2009):
Filoviren
in: B. Neumeister, H. K. Geiss, R. W. Braun u. P. Kimmig (Hrsg.): Mikrobiologische Diagnostik: Bakteriologie – Mykologie – Virologie – Parasitologie.
2. Aufl., Verlag Thieme, Stuttgart, New York, S. 934-938

EICHELBAUM, M., u. M. SCHWAB (2005):
Wirkung des Organismus auf Pharmaka: allgemeine Pharmakokinetik
in: K. Aktories, U. Förstermann, F. Hofmann u. K. Starke (Hrsg.): Allgemeine und spezielle Pharmakologie und Toxikologie.
9. Aufl., Verlag Urban und Fischer, München, Jena, S. 36-64

ELZAOUK, L., K. MOELLING u. J. PAVLOVIC (2006):
Anti-tumor activity of mesenchymal stem cells producing IL-12 in a mouse melanoma model.
Exp Dermatol 15, 865-874

EMLEN, W., A. RIFAI, D. MAGILAVY u. M. MANNIK (1988):
Hepatic binding of DNA is mediated by a receptor on nonparenchymal cells.
Am J Pathol 133, 54-60

EMLEN, W. u. M. MANNIK (1978):
Kinetics and mechanisms for removal of circulating single-stranded DNA in mice.
J Exp Med 147, 684-699

FLEURY, C., F. BERARD, B. BALME u. L. THOMAS (2000):
The study of cutaneous melanomas in Camargue-type gray-skinned horses (1): clinical-pathological characterization.
Pigment Cell Res 13, 39-46

FRAZER, G. S. (2004):
Disorders of the reproductive system
in: S. M. REED, W. M. BAYLY u. D. C. SELLON (Hrsg.): Equine internal medicine.
2. Aufl., Verlag Saunders, St. Louis, S. 1025 - 1168

FUJIWARA, H. u. T. HAMAOKA (1996):
Antitumor and antimetastatic effects of interleukin 12.
Cancer Chemother Pharmacol 38 Suppl, S22-26

GATELY, M. K., L. M. RENZETTI, J. MAGRAM, A. S. STERN, L. ADORINI, U. GUBLER u. D. H. PRESKY (1998):
The interleukin-12/interleukin-12-receptor system: role in normal and pathologic immune responses.
Annu Rev Immunol 16, 495-521

GEE, M. S., C. J. KOCH, S. M. EVANS, W. T. JENKINS, C. H. PLETCHER, JR., J. S. MOORE, H. K. KOBLISH, J. LEE, E. M. LORD, G. TRINCHIERI u. W. M. LEE (1999):
Hypoxia-mediated apoptosis from angiogenesis inhibition underlies tumor control by recombinant interleukin 12.
Cancer Res 59, 4882-4889

GERMANN, S. E. (2006):
Einsatz von Interleukin-12 und Interleukin-18 kodierender Plasmid-DNA zur Therapie Equiner Sarkoide.
Zürich, Univ., Vetsuisse-Fakultät., Diss.

GLOVER, D. J., H. J. LIPPS u. D. A. JANS (2005):
Towards safe, non-viral therapeutic gene expression in humans.
Nat Rev Genet 6, 299-310

GOSSE, C., J. B. LE PECQ, P. DEFRANCE u. C. PAOLETTI (1965):
Initial degradation of deoxyribonucleic acid after injection in mammals.
Cancer Res 25, 877-883

GRAVIER, R., D. DORY, M. LAURENTIE, S. BOUGEARD, R. CARIOLET u. A. JESTIN (2007):
In vivo tissue distribution and kinetics of a pseudorabies virus plasmid DNA vaccine after intramuscular injection in swine.
Vaccine 25, 6930-6938

HA, S. J., S. B. LEE, C. M. KIM, H. S. SHIN u. Y. C. SUNG (1998):
Rapid recruitment of macrophages in interleukin-12-mediated tumour regression.
Immunology 95, 156-163

HEINZERLING, L., G. BURG, R. DUMMER, T. MAIER, P. A. OBERHOLZER, J. SCHULTZ, L. ELZAOUK, J. PAVLOVIC u. K. MOELLING (2005):
Intratumoral injection of DNA encoding human interleukin 12 into patients with metastatic melanoma: clinical efficacy.
Hum Gene Ther 16, 35-48

HEINZERLING, L., R. DUMMER, J. PAVLOVIC, J. SCHULTZ, G. BURG u. K. MOELLING (2002):
Tumor regression of human and murine melanoma after intratumoral injection of IL-12-encoding plasmid DNA in mice.
Exp Dermatol 11, 232-240

HEINZERLING, L. M., K. FEIGE, S. RIEDER, M. K. AKENS, R. DUMMER, G. STRANZINGER u. K. MOELLING (2001):
Tumor regression induced by intratumoral injection of DNA coding for human interleukin 12 into melanoma metastases in gray horses.
J Mol Med 78, 692-702

HENGGE, U. R., E. F. CHAN, R. A. FOSTER, P. S. WALKER u. J. C. VOGEL (1995):
Cytokine gene expression in epidermis with biological effects following injection of naked DNA.
Nat Genet 10, 161-166

HERWEIJER, H., G. ZHANG, V. M. SUBBOTIN, V. BUDKER, P. WILLIAMS u. J. A. WOLFF (2001):
Time course of gene expression after plasmid DNA gene transfer to the liver.
J Gene Med 3, 280-291

HICKMAN, M. A., R. W. MALONE, K. LEHMANN-BRUINSMA, T. R. SIH, D. KNOELL, F. C. SZOKA, R. WALZEM, D. M. CARLSON u. J. S. POWELL (1994):
Gene expression following direct injection of DNA into liver.
Hum Gene Ther 5, 1477-1483

HISAZUMI, J., N. KOBAYASHI, M. NISHIKAWA u. Y. TAKAKURA (2004):
Significant role of liver sinusoidal endothelial cells in hepatic uptake and degradation of naked plasmid DNA after intravenous injection.
Pharm Res 21, 1223-1228

HOUK, B. E., R. MARTIN, G. HOCHHAUS u. J. A. HUGHES (2001):
Pharmacokinetics of plasmid DNA in the rat.
Pharm Res 18, 67-74

IMBODEN, M., F. SHI, T. D. PUGH, A. G. FREUD, N. J. THOM, J. A. HANK, Z. HAO, S. T. STAELIN, P. M. SONDEL u. D. M. MAHVI (2003):
Safety of interleukin-12 gene therapy against cancer: a murine biodistribution and toxicity study.
Hum Gene Ther 14, 1037-1048

JAIN, R. K. (1989):
Delivery of novel therapeutic agents in tumors: physiological barriers and strategies.
J Natl Cancer Inst 81, 570-576

JANEWAY, C. A., P. TRAVERS, M. WALPORT u. M. J. SHLOMCHIK (Hrsg.) (2002):
Immunologie.
5. Aufl., Spektrum Akademischer Verlag, Heidelberg, Berlin

JEGLUM, K. A. (1997):
Melanomas
in: N. E. Robinson (Hrsg.): Current therapy in equine medicine.
4. Aufl., Verlag Saunders, Philadelphia, London, S. 399 - 400

JIN, H., J. YOUN, H. KIM, J. LEE, S. HA, J. KOH u. Y. SUNG (2005):
Enhancement of interleukin-12 gene-based tumor immunotherapy by the reduced secretion of p40 subunit and the combination with farnesyltransferase inhibitor.
Hum Gene Ther 16, 328-338

JUNGI, T. W. (Hrsg.) (2000):
Klinische Veterinärimmunologie.
Verlag Enke, Stuttgart

KAMIYA, H., H. TSUCHIYA, J. YAMAZAKI u. H. HARASHIMA (2001):
Intracellular trafficking and transgene expression of viral and non-viral gene vectors.
Adv Drug Deliv Rev 52, 153-164

KAWABATA, K., Y. TAKAKURA u. M. HASHIDA (1995):
The fate of plasmid DNA after intravenous injection in mice: involvement of scavenger receptors in its hepatic uptake.
Pharm Res 12, 825-830

KAWASE, A., T. NOMURA, K. YASUDA, N. KOBAYASHI, M. HASHIDA u. Y. TAKAKURA (2003):
Disposition and gene expression characteristics in solid tumors and skeletal muscle after direct injection of naked plasmid DNA in mice.
J Pharm Sci 92, 1295-1304

KERBEL, R. S. u. R. G. HAWLEY (1995):
Interleukin 12: newest member of the antiangiogenesis club.
J Natl Cancer Inst 87, 557-559

KIRCHEIS, R., S. SCHULLER, S. BRUNNER, M. OGRIS, K. H. HEIDER, W. ZAUNER u. E. WAGNER (1999):
Polycation-based DNA complexes for tumor-targeted gene delivery in vivo.
J Gene Med 1, 111-120

KNOTTENBELT, D. C., u. R. R. PASCOE (2000):
Farbatlas der Pferdekrankheiten.
2. Aufl., Verlag Schlütersche, Hannover

KOBAYASHI, N., T. KURAMOTO, K. YAMAOKA, M. HASHIDA u. Y. TAKAKURA (2001):
Hepatic uptake and gene expression mechanisms following intravenous administration of plasmid DNA by conventional and hydrodynamics-based procedures.
J Pharmacol Exp Ther 297, 853-860

KUSEWITT, D. F., u. L. J. RUSH (2007):
Neoplasia and tumor biology.
in: M. D. McGavin u. J. F. Zachary (Hrsg.): Pathologic basis of veterinary disease.
4. Aufl., Verlag Mosby, St. Louis, S. 253 - 298

LECHARDEUR, D. u. G. L. LUKACS (2006):
Nucleocytoplasmic transport of plasmid DNA: a perilous journey from the cytoplasm to the nucleus.
Hum Gene Ther 17, 882-889

LECHARDEUR, D., A. S. VERKMAN u. G. L. LUKACS (2005):
Intracellular routing of plasmid DNA during non-viral gene transfer.
Adv Drug Deliv Rev 57, 755-767

LECHARDEUR, D. u. G. L. LUKACS (2002):
Intracellular barriers to non-viral gene transfer.
Curr Gene Ther 2, 183-194

LECHARDEUR, D., K. J. SOHN, M. HAARDT, P. B. JOSHI, M. MONCK, R. W. GRAHAM, B. BEATTY, J. SQUIRE, H. O'BRODOVICH u. G. L. LUKACS (1999):
Metabolic instability of plasmid DNA in the cytosol: a potential barrier to gene transfer.
Gene Ther 6, 482-497

LI, S. u. Z. MA (2001):
Nonviral gene therapy.
Curr Gene Ther 1, 201-226

LIU, F., L. M. SHOLLENBERGER, C. C. CONWELL, X. YUAN u. L. HUANG (2007):
Mechanism of naked DNA clearance after intravenous injection.
J Gene Med 9, 613-619

LIVAK, K. J. u. T. D. SCHMITTGEN (2001):
Analysis of relative gene expression data using real-time quantitative PCR and the $2^{-\Delta\Delta C_T}$ method.
Methods 25, 402-408

LÖFFLER, G., P. E. PETRIDES u. P. C. HEINRICH (Hrsg.) (2007):
Biochemie und Pathobiochemie.
8. Aufl., Verlag Springer, Heidelberg

LÖFFLER, G. u. P. E. PETRIDES (Hrsg.) (2003):
Biochemie und Pathobiochemie.
7. Aufl., Verlag Springer, Berlin, Heidelberg

LÖSCHER, W., R. KROKER u. F. R. UNGEMACH (2006):
Grundbegriffe der Pharmakologie
in: W. Löscher, R. Kroker, F. R. Ungemach (Hrsg.): Pharmakotherapie bei Haus- und Nutztieren.
7. Aufl., Verlag Parey, S. 3

LUDTKE, J. J., M. G. SEBESTYEN u. J. A. WOLFF (2002):
The effect of cell division on the cellular dynamics of microinjected DNA and dextran.
Mol Ther 5, 579-588

LUO, D. u. W. M. SALTZMAN (2000):
Synthetic DNA delivery systems.
Nat Biotechnol 18, 33-37

LUSTER, A. D., S. M. GREENBERG u. P. LEDER (1995):
The IP-10 chemokine binds to a specific cell surface heparan sulfate site shared with platelet factor 4 and inhibits endothelial cell proliferation.
J Exp Med 182, 219-231

MACGILLIVRAY, K. C., R. W. SWEENEY u. F. DEL PIERO (2002):
Metastatic melanoma in horses.
J Vet Intern Med 16, 452-456

MAHATO, R. I., K. KAWABATA, T. NOMURA, Y. TAKAKURA u. M. HASHIDA (1995):
Physicochemical and pharmacokinetic characteristics of plasmid DNA/cationic liposome complexes.
J Pharm Sci 84, 1267-1271

MAHESHWARI, A., S. HAN, R. I. MAHATO u. S. W. KIM (2002):
Biodegradable polymer-based interleukin-12 gene delivery: role of induced cytokines, tumor infiltrating cells and nitric oxide in anti-tumor activity.
Gene Ther 9, 1075-1084

MANETTI, R., P. PARRONCHI, M. G. GIUDIZI, M. P. PICCINNI, E. MAGGI, G. TRINCHIERI u. S. ROMAGNANI (1993):
Natural killer cell stimulatory factor (interleukin 12 [IL-12]) induces T helper type 1 (Th1)-specific immune responses and inhibits the development of IL-4-producing Th cells.
J Exp Med 177, 1199-1204

MANTHORPE, M., F. CORNEFERT-JENSEN, J. HARTIKKA, J. FELGNER, A. RUNDELL, M. MARGALITH u. V. DWARKI (1993):
Gene therapy by intramuscular injection of plasmid DNA: studies on firefly luciferase gene expression in mice.
Hum Gene Ther 4, 419-431

MOKREJS, M., V. VOPALENSKY, O. KOLENATY, T. MASEK, Z. FEKETOVA, P. SEKYROVA, B. SKALOUDOVA, V. KRIZ u. M. POSPISEK (2006):
IRESite: the database of experimentally verified IRES structures (www.iresite.org).
Nucleic Acids Res 34, D125-130

NAKAMURA, M., P. DAVILA-ZAVALA, H. TOKUDA, Y. TAKAKURA u. M. HASHIDA (1998):
Uptake and gene expression of naked plasmid DNA in cultured brain microvessel endothelial cells.
Biochem Biophys Res Commun 245, 235-239

NASTALA, C. L., H. D. EDINGTON, T. G. MCKINNEY, H. TAHARA, M. A. NALESNIK, M. J. BRUNDA, M. K. GATELY, S. F. WOLF, R. D. SCHREIBER, W. J. STORKUS u. ET AL. (1994):
Recombinant IL-12 administration induces tumor regression in association with IFN-gamma production.
J Immunol 153, 1697-1706

NELSON, D. L., u. M. M. COX (2005):
DNA-Rekombinationstechnik.
in: D. L. Nelson u. M. M. Cox (Hrsg.): Lehninger Biochemie.
3. Aufl., Verlag Springer, S. 1219 - 1259

NISHIKAWA, M., Y. TAKAKURA u. M. HASHIDA (2005a):
Pharmacokinetics of plasmid DNA-based non-viral gene medicine.
Adv Genet 53PA, 47-68

NISHIKAWA, M., Y. TAKAKURA u. M. HASHIDA (2005b):
Theoretical considerations involving the pharmacokinetics of plasmid DNA.
Adv Drug Deliv Rev 57, 675-688

NISHIKAWA, M., T. NAKANO, T. OKABE, N. HAMAGUCHI, Y. YAMASAKI, Y. TAKAKURA, F. YAMASHITA u. M. HASHIDA (2003):
Residualizing indium-111-radiolabel for plasmid DNA and its application to tissue distribution study.
Bioconjug Chem 14, 955-961

NISHIKAWA, M. u. M. HASHIDA (2002):
Nonviral approaches satisfying various requirements for effective in vivo gene therapy.
Biol Pharm Bull 25, 275-283

NISHIKAWA, M. u. L. HUANG (2001):
Nonviral vectors in the new millennium: delivery barriers in gene transfer.
Hum Gene Ther 12, 861-870

NISHIKAWA, M. u. M. HASHIDA (1999):
Pharmacokinetics of anticancer drugs, plasmid DNA, and their delivery systems in tissue-isolated perfused tumors.
Adv Drug Deliv Rev 40, 19-37

NOMURA, T., K. YASUDA, T. YAMADA, S. OKAMOTO, R. I. MAHATO, Y. WATANABE, Y. TAKAKURA u. M. HASHIDA (1999):
Gene expression and antitumor effects following direct interferon (IFN)-gamma gene transfer with naked plasmid DNA and DC-chol liposome complexes in mice.
Gene Ther 6, 121-129

NOMURA, T., S. NAKAJIMA, K. KAWABATA, F. YAMASHITA, Y. TAKAKURA u. M. HASHIDA (1997):
Intratumoral pharmacokinetics and in vivo gene expression of naked plasmid DNA and its cationic liposome complexes after direct gene transfer.
Cancer Res 57, 2681-2686

O'HARA, A. J., J. M. HOWELL, R. H. TAPLIN, S. FLETCHER, F. LLOYD, B. KAKULAS, H. LOCHMULLER u. G. KARPATI (2001):
The spread of transgene expression at the site of gene construct injection.
Muscle Nerve 24, 488-495

OH, Y. K., J. P. KIM, H. YOON, J. M. KIM, J. S. YANG u. C. K. KIM (2001):
Prolonged organ retention and safety of plasmid DNA administered in polyethylenimine complexes.
Gene Ther 8, 1587-1592

OHKOUCHI, K., H. IMOTO, Y. TAKAKURA, M. HASHIDA u. H. SEZAKI (1990):
Disposition of anticancer drugs after bolus arterial administration in a tissue-isolated tumor perfusion system.
Cancer Res 50, 1640-1644

OSAKA, G., K. CAREY, A. CUTHBERTSON, P. GODOWSKI, T. PATAPOFF, A. RYAN, T. GADEK u. J. MORDENTI (1996):
Pharmacokinetics, tissue distribution, and expression efficiency of plasmid [33P]DNA following intravenous administration of DNA/cationic lipid complexes in mice: use of a novel radionuclide approach.
J Pharm Sci 85, 612-618

PASCOE, R. R. R., u. D. C. KNOTTENBELT (1999):
Neoplastic conditions
in: R. R. R. Pascoe u. D. R. Knottenbelt (Hrsg.): Manual of equine dermatology.
Verlag Saunders, London, Edinburgh, S. 241 - 272

PATIL, S. D., D. G. RHODES u. D. J. BURGESS (2005):
DNA-based therapeutics and DNA delivery systems: a comprehensive review.
Aaps J 7, E61-77

PILSWORTH, R. C., u. D. KNOTTENBELT (2006):
Skin disease refresher.
Equine Vet Educ 18, 228-230

POLLARD, H., G. TOUMANIANTZ, J. L. AMOS, H. AVET-LOISEAU, G. GUIHARD, J. P. BEHR u. D. ESCANDE (2001):
Ca2+-sensitive cytosolic nucleases prevent efficient delivery to the nucleus of injected plasmids.
J Gene Med 3, 153-164

PULLEY L. T. u. A. A. STANNARD (1990):
Tumors of the skin and soft tissues
in: J. E. Moulton (Hrsg.): Tumors in domestic animals.
3. Aufl., University of California Press, Berkeley, Los Angeles, S. 23 - 87

REES, C. A. (2004):
Disorders of the skin
in: S. M. REED, W. M. BAYLY u. D. C. SELLON (Hrsg.): Equine internal medicine.
2. Aufl., Verlag Saunders, St. Louis, S. 667 - 720

RIEDE, U.-N. (1998):
Physikalische Zellschäden
in: U.-N- RIEDE: Taschenatlas der allgemeinen Pathologie.
1. Aufl., Verlag Georg Thieme, Stuttgart, New York, S. 146 - 155

RIEDER, S., C. STRICKER, H. JOERG, R. DUMMER u. G. STRANZINGER (2000):
A comparative genetic approach for the investigation of ageing grey horse melanoma.
J Anim Breed Genet 117, 73-82

ROSENGREN PIELBERG, G., A. GOLOVKO, E. SUNDSTROM, I. CURIK, J. LENNARTSSON, M. H. SELTENHAMMER, T. DRUML, M. BINNS, C. FITZSIMMONS, G. LINDGREN, K. SANDBERG, R. BAUMUNG, M. VETTERLEIN, S. STROMBERG, M. GRABHERR, C. WADE, K. LINDBLAD-TOH, F. PONTEN, C. H. HELDIN, J. SOLKNER u. L. ANDERSSON (2008):
A cis-acting regulatory mutation causes premature hair graying and susceptibility to melanoma in the horse.
Nat Genet 40, 1004-1009

ROWE, E. L. u. K. E. SULLINS (2004):
Excision as treatment of dermal melanomatosis in horses: 11 cases (1994-2000).
J Am Vet Med Assoc 225, 94-96

SAIKAWA, A., T. NOMURA, F. YAMASHITA, Y. TAKAKURA, H. SEZAKI u. M. HASHIDA (1996):
Pharmacokinetic analysis of drug disposition after intratumoral injection in a tissue-isolated tumor perfusion system.
Pharm Res 13, 1438-1444

SATKAUSKAS, S., M. F. BUREAU, A. MAHFOUDI u. L. M. MIR (2001):
Slow accumulation of plasmid in muscle cells: supporting evidence for a mechanism of DNA uptake by receptor-mediated endocytosis.
Mol Ther 4, 317-323

SCHLEEF, M. (Hrsg.) (2001):
Plasmids for therapy and vaccination.
Verlag WILEY-VCH, Weinheim

SCHULTE, P. M., D. A. POWERS u. M. SCHARTL (1998):
Efficient gene transfer into Xiphophorus muscle and melanoma by injection of supercoiled plasmid DNA.
Mol Mar Biol Biotechnol 7, 241-247

SCHULTZ, J., L. HEINZERLING, J. PAVLOVIC u. K. MOELLING (2000):
Induction of long-lasting cytokine effect by injection of IL-12 encoding plasmid DNA.
Cancer Gene Ther 7, 1557-1565

SCOTT, D. W., u. W. H. MILLER (2003):
Melanocytic neoplasms
in: D. W. Scott u. W. H. Miller (Hrsg.): Equine dermatology.
Verlag Saunders, St. Louis, S. 764 - 773

SELTENHAMMER, M. H., E. HEERE-RESS, S. BRANDT, T. DRUML, B. JANSEN, H. PEHAMBERGER u. G. W. NIEBAUER (2004):
Comparative histopathology of grey-horse-melanoma and human malignant melanoma.
Pigment Cell Res 17, 674-681

SELTENHAMMER, M. H., H. SIMHOFER, S. SCHERZER, R. ZECHNER, I. CURIK, J. SOLKNER, S. M. BRANDT, B. JANSEN, H. PEHAMBERGER u. E. EISENMENGER (2003):
Equine melanoma in a population of 296 grey Lipizzaner horses.
Equine Vet J 35, 153-157

SGADARI, C., A. L. ANGIOLILLO, B. W. CHERNEY, S. E. PIKE, J. M. FARBER, L. G. KONIARIS, P. VANGURI, P. R. BURD, N. SHEIKH, G. GUPTA, J. TERUYA-FELDSTEIN u. G. TOSATO (1996):
Interferon-inducible protein-10 identified as a mediator of tumor necrosis in vivo.
Proc Natl Acad Sci U S A 93, 13791-13796

SHAPIRO LEDLEY, T. u. F. D. LEDLEY (1998):
Pharmacokinetic considerations in somatic gene therapy.
Adv Drug Deliv Rev 30, 133-150

SHAPPELL, K. K., u. C. B. LITTLE (1992):
Special surgical procedures for equine skin.
in: J. A. Auer (Hrsg.): Equine surgery.
Verlag Saunders, Philadelphia, London, S. 272 - 284

SHI, F., A. L. RAKHMILEVICH, C. P. HEISE, K. OSHIKAWA, P. M. SONDEL, N. S. YANG u. D. M. MAHVI (2002):
Intratumoral injection of interleukin-12 plasmid DNA, either naked or in complex with cationic lipid, results in similar tumor regression in a murine model.
Mol Cancer Ther 1, 949-957

SMYTH, M. J., K. Y. THIA, S. E. STREET, E. CRETNEY, J. A. TRAPANI, M. TANIGUCHI, T. KAWANO, S. B. PELIKAN, N. Y. CROWE u. D. I. GODFREY (2000):
Differential tumor surveillance by natural killer (NK) and NKT cells.
J Exp Med 191, 661-668

SONG, C. W. u. S. H. LEVITT (1971):
Quantitative study of vascularity in Walker carcinoma 256.
Cancer Res 31, 587-589

STÄHLI, P. (2005):
Einsatz von Interleukin-12 und Interleukin-18 kodierender Plasmid-DNA zur Therapie von Melanomen beim Schimmel.
Zürich, Univ., Vetsuisse-Fakultät., Diss.

SUNDBERG, J. P., T. BURNSTEIN, E. H. PAGE, W. W. KIRKHAM u. F. R. ROBINSON (1977):
Neoplasms of Equidae.
J Am Vet Med Assoc 170, 150-152

TAKAGI, T., M. HASHIGUCHI, R. I. MAHATO, H. TOKUDA, Y. TAKAKURA u. M. HASHIDA (1998):
Involvement of specific mechanism in plasmid DNA uptake by mouse peritoneal macrophages.
Biochem Biophys Res Commun 245, 729-733

TAKAKURA, Y., M. NISHIKAWA, F. YAMASHITA u. M. HASHIDA (2001):
Development of gene drug delivery systems based on pharmacokinetic studies.
Eur J Pharm Sci 13, 71-76

TAKAKURA, Y. u. M. HASHIDA (1996):
Macromolecular carrier systems for targeted drug delivery: pharmacokinetic considerations on biodistribution.
Pharm Res 13, 820-831

TANNENBAUM, C. S., N. WICKER, D. ARMSTRONG, R. TUBBS, J. FINKE, R. M. BUKOWSKI u. T. A. HAMILTON (1996):
Cytokine and chemokine expression in tumors of mice receiving systemic therapy with IL-12.
J Immunol 156, 693-699

TERPSTRA, V., E. S. VAN AMERSFOORT, A. G. VAN VELZEN, J. KUIPER u. T. J. VAN BERKEL (2000):
Hepatic and extrahepatic scavenger receptors: function in relation to disease.
Arterioscler Thromb Vasc Biol 20, 1860-1872

TIZARD, I. R. (2009):
Cell signaling: cytokines and their receptors
in: I. R. Tizard (Hrsg.): Veterinary immunology: an introduction.
8. Aufl., Verlag Saunders, St. Louis, S. 70 - 80

TIZARD, I. R. (2004):
Cytokines and the immune system
in: I. R. Tizard (Hrsg.): Veterinary immunology: an introduction.
7. Aufl., Verlag Saunders, Philadelphia, S. 133 - 144

TRINCHIERI, G. (1995):
Interleukin-12: a proinflammatory cytokine with immunoregulatory functions that bridge innate resistance and antigen-specific adaptive immunity.
Annu Rev Immunol 13, 251-276

TUOMELA, M., M. MALM, M. WALLEN, I. STANESCU, K. KROHN u. P. PETERSON (2005):
Biodistribution and general safety of a naked DNA plasmid, GTU-MultiHIV, in a rat, using a quantitative PCR method.
Vaccine 23, 890-896

VALENTINE, B. A. (2006):
Survey of equine cutaneous neoplasia in the Pacific Northwest.
J Vet Diagn Invest 18, 123-126

VALENTINE, B. A. (1995):
Equine melanocytic tumors: a retrospective study of 53 horses (1988 to 1991).
J Vet Intern Med 9, 291-297

VAUGHAN, E. E., J. V. DEGIULIO u. D. A. DEAN (2006):
Intracellular trafficking of plasmids for gene therapy: mechanisms of cytoplasmic movement and nuclear import.
Curr Gene Ther 6, 671-681

VILE, R. G. u. I. R. HART (1993):
In vitro and in vivo targeting of gene expression to melanoma cells.
Cancer Res 53, 962-967

VOEST, E. E., B. M. KENYON, M. S. O'REILLY, G. TRUITT, R. J. D'AMATO u. J. FOLKMAN (1995):
Inhibition of angiogenesis in vivo by interleukin 12.
J Natl Cancer Inst 87, 581-586

WEISS, E. u. J. P. TEIFKE (2007):
Haut
in: E. Dahme u. E. Weiss (Hrsg.): Grundriss der speziellen pathologischen Anatomie der Haustiere.
6. Aufl., Verlag Enke, Stuttgart, S. 400

WEISS, E. u. J. P. TEIFKE (1999):
Haut.
in: E. Dahme u. E. Weiss (Hrsg.): Grundriß der speziellen pathologischen Anatomie der Haustiere.
5. Aufl., Verlag Enke, Stuttgart, S. 541

WEISS, E. (1982):
Geschwülste.
in: H. Stünzi u. E. Weiss (Hrsg.): Allgemeine Pathologie.
7. Aufl., Verlag Parey, Berlin, Hamburg, S. 321 - 379

WOLFF, J. A. u. V. BUDKER (2005):
The mechanism of naked DNA uptake and expression.
Adv Genet 54, 3-20

WOLFF, J. A., J. J. LUDTKE, G. ACSADI, P. WILLIAMS u. A. JANI (1992):
Long-term persistence of plasmid DNA and foreign gene expression in mouse muscle.
Hum Mol Genet 1, 363-369

YAMAMOTO, K., F. SHIBATA, O. MIURA, R. KAMIYAMA, S. HIROSAWA u. N. MIYASAKA (1999):
Physical interaction between interleukin-12 receptor beta 2 subunit and Jak2 tyrosine kinase: Jak2 associates with cytoplasmic membrane-proximal region of interleukin-12 receptor beta 2 via amino-terminus.
Biochem Biophys Res Commun 257, 400-404

YAMASAKI, Y., J. HISAZUMI, K. YAMAOKA u. Y. TAKAKURA (2003):
Efficient scavenger receptor-mediated hepatic targeting of proteins by introduction of negative charges on the proteins by aconitylation: the influence of charge density and size of the proteins molecules.
Eur J Pharm Sci 18, 305-312

YAMASAKI, Y., K. SUMIMOTO, M. NISHIKAWA, F. YAMASHITA, K. YAMAOKA, M. HASHIDA u. Y. TAKAKURA (2002):
Pharmacokinetic analysis of in vivo disposition of succinylated proteins targeted to liver nonparenchymal cells via scavenger receptors: importance of molecular size and negative charge density for in vivo recognition by receptors.
J Pharmacol Exp Ther 301, 467-477

YANG, J. P. u. L. HUANG (1996):
Direct gene transfer to mouse melanoma by intratumor injection of free DNA.
Gene Ther 3, 542-548

YOSHIDA, M., R. I. MAHATO, K. KAWABATA, Y. TAKAKURA u. M. HASHIDA (1996):
Disposition characteristics of plasmid DNA in the single-pass rat liver perfusion system.
Pharm Res 13, 599-603

YOSHINAGA, T., K. YASUDA, Y. OGAWA u. Y. TAKAKURA (2002):
Efficient uptake and rapid degradation of plasmid DNA by murine dendritic cells via a specific mechanism.
Biochem Biophys Res Commun 299, 389-394

YUAN, F., M. DELLIAN, D. FUKUMURA, M. LEUNIG, D. A. BERK, V. P. TORCHILIN u. R. K. JAIN (1995):
Vascular permeability in a human tumor xenograft: molecular size dependence and cutoff size.
Cancer Res 55, 3752-3756

ZHANG, G., V. BUDKER u. J. A. WOLFF (1999):
High levels of foreign gene expression in hepatocytes after tail vein injections of naked plasmid DNA.
Hum Gene Ther 10, 1735-1737

9 Anhang

9.1 Namen und Bezugsquellen der verwendeten Primer und Sonden sowie der Kits und des Mastermix

9.1.1 Primer und Sonden

Die geeigneten Primer- und Sondensequenzen für den Nachweis der IRESp40-DNA, der p40-DNA, der IRESp40-cDNA, der Interferon-γ-cDNA und der GAPDH-cDNA von der Firma Microsynth GmbH (Balgach, Schweiz) bezogen.

9.1.1.1 Primer und Sonde zum Nachweis von IRESp40-DNA und IRESp40-cDNA

„Forward Primer“: 5´ - GGC CGG CAC CTT TCC TT - 3`

„Reverse Primer“: 5´ - GAC CAA CCA CTG GTG ACA CAT C - 3`

„Sonde“: FAM-AAC CAC TAT CGG GTT TCG CGT TCA GAG-TAMRA

9.1.1.2 Primer und Sonde zum Nachweis von p40-DNA

„Forward Primer“: 5´ - TGC TGT TCA CAA GCT CAA GTA TGA - 3`

„Reverse Primer“: 5´ - GGG TGG GTC TGG TTT GAT GA - 3`

„Sonde“: TET-CTA CAC CAG CGG CTT CTT CAT CAG GG-TAMRA

9.1.1.3 Primer und Sonde zum Nachweis von Interferon-γ-cDNA

„Forward Primer“: 5´ - CTT TAA CAG CAG CAC CAG CAA G - 3`

„Reverse Primer“: 5´ - GAT GAG TTC ACT TAT TGC TTT GCG – 3`

„Sonde“: FAM-CCT TCA GAT CAT TTA CCG GAA TCT GAA TCA GCT-TAMRA

9.1.1.4 Primer und Sonde zum Nachweis von GAPDH-cDNA

„Forward Primer“: 5´ - AAG TGG ATA TTG TCG CCA TCA AT - 3`

„Reverse Primer“: 5´ - AAC TTG CCA TGG GTG GAA TC - 3`

„Sonde“: FAM-TGA CCT CAA CTA CAT GGT CTA CAT GTT TCA-TAMRA

9.1.2 Kits

QIAamp DNA Micro Kit	Qiagen, Basel, Schweiz
QIAamp DNA Blood Midi Kit	Qiagen, Basel, Schweiz
RNeasy Micro Kit	Qiagen, Basel, Schweiz
QuantiTect Reverse Transcription Kit	Qiagen, Basel, Schweiz

9.1.3 Mastermix

qPCR Master Mix Plus Low Rox	Eurogentec, Seraing, Belgien

9.2 Ergebnisse der Real-Time PCR

9.2.1 Konzentration von IRESp40-DNA im Blut

Tab. 1: Konzentration von IRESp40-DNA im Blut bei den Pferden 1 bis 7.

Zeit nach Injektion	Pferd 1	Pferd 2	Pferd 3	Pferd 4	Pferd 5	Pferd 6	Pferd 7
	Plasmid-DNA-Kopien/ml	Plasmid-DNA-Kopien/ml	Plasmid-DNA-Kopien/ml	Plasmid-DNA-Kopien/ml	Plasmid-DNA-Kopien/ml	Plasmid-DNA-Kopien/ml	Plasmid-DNA-Kopien/ml
0 min	0,0	0,0	0,0	0,0	0,0	0,0	0,0
10 min	41330,0	26410,0	777930,0	48450,0	169620,0	223040,0	90350,0
30 min	12870,0	2880,0	1558650,0	12050,0	21100,0	18830,0	4020,0
2 h	36790,0	2840,0	385300,0	47200,0	1693,0	1954,0	244800,0
4 h	563,0	4791,0	18890,0	12140,0	57110,0	0,0	548,0
12 h	260,0	337,0	221,0	560,0	13930,0	0,0	583,0
24 h	1110,0	0,0	278,0	364,3	1740,0	0,0	14,4
36 h	569,0	0,0	0,0	47,4	670,0	0,0	0,0
60 h	0,0	0,0	0,0	0,0	0,0	0,0	0,0
5 d	0,0	0,0	0,0	0,0	0,0	0,0	0,0
7 d	0,0	0,0	288,0	0,0	0,0	0,0	0,0
9 d	0,0	200,0	0,0	0,0	0,0	0,0	0,0
14 d	0,0	0,0	0,0	3130,0	0,0	0,0	0,0

9.2.2 Konzentration von p40-DNA im Blut

Tab. 2: Konzentration von p40-DNA im Blut bei den Pferden 1 bis 7.

Zeit nach Injektion	Pferd 1	Pferd 2	Pferd 3	Pferd 4	Pferd 5	Pferd 6	Pferd 7
	Plasmid-DNA-Kopien/ml	Plasmid-DNA-Kopien/ml	Plasmid-DNA-Kopien/ml	Plasmid-DNA-Kopien/ml	Plasmid-DNA-Kopien/ml	Plasmid-DNA-Kopien/ml	Plasmid-DNA-Kopien/ml
0 min	22,4	0,0	5940,0	0,0	529,0	0,0	18,6
10 min	28610,0	31750,0	671230,0	39600,0	165480,0	239680,0	89340,0
30 min	9310,0	3500,0	1234550,0	10490,0	26240,0	15830,0	5080,0
2 h	33740,0	2463,0	18090,0	34460,0	1549,0	1421,0	214170,0
4 h	417,0	4450,0	2330,0	8230,0	45190,0	114,0	3130,0
12 h	127,0	690,0	509,0	346,0	7300,0	705,0	1170,0
24 h	1351,0	278,0	0,0	347,6	1134,0	300,0	1460,0
36 h	1250,0	0,0	4700,0	0,0	633,0	0,0	3060,0
60 h	1070,0	1390,0	0,0	0,0	0,0	0,0	0,0
5 d	641,0	947,0	0,0	44,7	2104,0	395,0	2497,0
7 d	0,0	0,0	0,0	0,0	130,0	2675,0	903,0
9 d	0,0	0,0	0,0	1,1	0,0	0,0	0,0
14 d	473,0	0,0	0,0	2970,0	0,0	0,0	662,0

9.2.3 Expressionswerte von IRESp40-mRNA im Tumorgewebe

Tab. 3: Expressionswerte von IRESp40-mRNA im Tumorgewebe bei den Pferden 1 bis 7.

$\Delta\Delta CT = (CT_{Zielgen} - CT_{Referenzgen})_{Zeitpunkt\ x} - (CT_{Zielgen} - CT_{Referenzgen})_{Zeitpunkt\ 0}$

Zeit nach Injektion	Pferd 1	Pferd 2	Pferd 3	Pferd 4	Pferd 5	Pferd 6	Pferd 7
	$2^{-\Delta\Delta CT}$	$2^{-\Delta\Delta CT}$	$2^{-\Delta\Delta CT}$	$2^{-\Delta\Delta CT}$	$2^{-\Delta\Delta CT}$	$2^{-\Delta\Delta CT}$	$2^{-\Delta\Delta CT}$
0 min	1,0	1,0	1,0	1,0	1,0	1,0	1,0
10 min	8933,4	158510152,0	701459,4	198668,0	221201,3	1864038,2	6517,0
30 min	238,9	215782107,0	3613586,5	2178645,4	79023,8	477453,3	3304,0
2 h	1552,1	3180,4	2504,0	1985,1	105362,4	152664,0	4225,8
4 h	96,0	11425,7	94957,9	1957,8	209995,7	95287,5	1260,7
12 h	5,4	5238,7	424380,8	2019,8	40763,8	67612,4	5220,6
24 h	598,4	382,7	6382,9	11625,5	3338,5	15716,6	8810,5
36 h	1,9	81,0	1789,1	16961,8	7885,5	100720,7	303,4
60 h	0,4	19,4	138,1	6539,7	3029,8	5367,4	3,0
5 d	0,2	1,8	0,4	13,0	36,1	1355,9	0,6
7 d	1,7	43,6	0,2	0,6	2,1	17682,1	0,1
9 d	1,0	0,3	0,9	2,7	4,0	26,3	32,5
14 d	1,5	1,8	0,3	0,3	104,3	18,6	17,3

9.2.4 Expressionswerte von IFN-γ-mRNA im Tumorgewebe

Tab. 4: Expressionswerte von IFN-γ-mRNA im Tumorgewebe bei den Pferden 1 bis 7.

$$\Delta\Delta CT = (CT_{Zielgen} - CT_{Referenzgen})_{Zeitpunkt\ x} - (CT_{Zielgen} - CT_{Referenzgen})_{Zeitpunkt\ 0}$$

Zeit nach Injektion	Pferd 1	Pferd 2	Pferd 3	Pferd 4	Pferd 5	Pferd 6	Pferd 7
	$2^{-\Delta\Delta CT}$	$2^{-\Delta\Delta CT}$	$2^{-\Delta\Delta CT}$	$2^{-\Delta\Delta CT}$	$2^{-\Delta\Delta CT}$	$2^{-\Delta\Delta CT}$	$2^{-\Delta\Delta CT}$
0 min	1,0	1,0	1,0	1,0	1,0	1,0	1,0
10 min	1,3	398,9	1,4	1,6	0,4	0,6	0,9
30 min	1,5	1618,0	1,0	5,8	15,5	0,4	0,0
2 h	0,7	58,9	1,3	0,5	0,8	6,6	1,1
4 h	1,8	7,1	4,5	2,5	5,1	0,6	0,6
12 h	19,0	14,1	109,5	0,6	1,4	0,2	0,0
24 h	2,5	7,0	0,2	3,4	0,7	0,1	0,2
36 h	0,9	12,8	2,6	4,6	3,2	1,4	0,1
60 h	3,9	42,7	3,0	15,8	0,5	1,3	1,0
5 d	6,3	47,7	0,4	3,8	6,1	48,7	0,8
7 d	6,7	38,5	6,7	0,6	0,9	0,3	0,1
9 d	4,2	2,6	1,4	2,7	15,3	0,9	0,3
14 d	6,9	42,5	6,4	0,3	17,5	0,7	0,9

9.2.5 Konzentration von IRESp40-DNA im Tumorgewebe

Tab. 5: Konzentration von IRESp40-DNA im Tumorgewebe bei den Pferden 8 und 9.

Zeit nach Injektion	Pferd 8	Pferd 9
	Plasmid-DNA-Kopien/ml	Plasmid-DNA-Kopien/ml
0 min	0,0	0,0
10 min	109423594000,0	21414290000,0
30 min	117602326000,0	26606205000,0
2 h	11188797000,0	9825730000,0
4 h	3001066000,0	3336679000,0
12 h	396668000,0	2628334000,0
24 h	70000100,0	2216056400,0
36 h	598262400,0	129900750,0
60 h	10579000,0	58786800,0
5 d	226000,0	33677100,0
7 d	1479490,0	1485430,0
9 d	331210,0	2349270,0
14 d	10703,0	771706,0

9.2.6 Konzentration von p40-DNA im Tumorgewebe

Tab. 6: Konzentration von p40-DNA im Tumorgewebe bei den Pferden 8 und 9.

Zeit nach Injektion	Pferd 8	Pferd 9
	Plasmid-DNA-Kopien/ml	Plasmid-DNA-Kopien/ml
0 min	0,0	0,0
10 min	104972585000,0	17036036000,0
30 min	115679687000,0	22239297000,0
2 h	11707736000,0	9123565000,0
4 h	2591223000,0	3381712000,0
12 h	373592000,0	2952438000,0
24 h	62811700,0	2199987500,0
36 h	9057500,0	148311250,0
60 h	168500,0	64773200,0
5 d	168500,0	32624700,0
7 d	886164,0	1223814,0
9 d	223787,0	2050276,0
14 d	8422,0	950627,0

Danksagung

An dieser Stelle möchte ich mich bei allen bedanken, die zum Gelingen dieser Arbeit beigetragen haben.

Herrn Prof. Dr. Karsten Feige möchte ich für die freundliche Überlassung des interessanten Themas danken.

Frau Dr. Jessika Cavalleri danke ich für die Betreuung und für ihre Unterstützung bei den Laborarbeiten.

Frau Kelly Erichsen-Rixrath, Frau Dr. Ursula Groner und Frau Dr. Anne Haubold möchte ich für die Durchführung der Probenentnahmen während meiner Arbeitszeit danken.

Ebenfalls danken möchte ich Frau Sandra Keilholz und Herrn René Raabe für die Unterstützung bei den Probenentnahmen und für die Mithilfe bei der Betreuung meiner Pferde.

Herrn Dr. Matthias Weil danke ich für die Vermittlung dieser Doktorarbeit und für seine Flexibilität bei der Einteilung der Arbeitszeiten.

Mein herzlichster Dank gilt meiner Familie, meinem Mann und meinen Freunden für ihre fortwährende Unterstützung.